MIX
Papier aus verantwortungsvollen Quellen
Paper from responsible sources
FSC® C105338

Annika Backs

Der Ausbau von Erneuerbaren Energien durch das Energiekonzept der Bundesregierung

Vermarktungsmöglichkeiten und Auswirkungen auf den deutschen Strommarkt

Diplomica Verlag GmbH

Backs, Annika: Der Ausbau von Erneuerbaren Energien durch das Energiekonzept der
Bundesregierung: Vermarktungsmöglichkeiten und Auswirkungen auf den deutschen
Strommarkt. Hamburg, Diplomica Verlag GmbH 2013

Buch-ISBN: 978-3-8428-8359-8
PDF-eBook-ISBN: 978-3-8428-3359-3
Druck/Herstellung: Diplomica® Verlag GmbH, Hamburg, 2013

Bibliografische Information der Deutschen Nationalbibliothek:
Die Deutsche Nationalbibliothek verzeichnet diese Publikation in der Deutschen
Nationalbibliografie; detaillierte bibliografische Daten sind im Internet über
http://dnb.d-nb.de abrufbar.

Das Werk einschließlich aller seiner Teile ist urheberrechtlich geschützt. Jede Verwertung
außerhalb der Grenzen des Urheberrechtsgesetzes ist ohne Zustimmung des Verlages
unzulässig und strafbar. Dies gilt insbesondere für Vervielfältigungen, Übersetzungen,
Mikroverfilmungen und die Einspeicherung und Bearbeitung in elektronischen Systemen.

Die Wiedergabe von Gebrauchsnamen, Handelsnamen, Warenbezeichnungen usw. in
diesem Werk berechtigt auch ohne besondere Kennzeichnung nicht zu der Annahme,
dass solche Namen im Sinne der Warenzeichen- und Markenschutz-Gesetzgebung als frei
zu betrachten wären und daher von jedermann benutzt werden dürften.

Die Informationen in diesem Werk wurden mit Sorgfalt erarbeitet. Dennoch können
Fehler nicht vollständig ausgeschlossen werden und die Diplomica Verlag GmbH, die
Autoren oder Übersetzer übernehmen keine juristische Verantwortung oder irgendeine
Haftung für evtl. verbliebene fehlerhafte Angaben und deren Folgen.

Alle Rechte vorbehalten

© Diplomica Verlag GmbH
Hermannstal 119k, 22119 Hamburg
http://www.diplomica-verlag.de, Hamburg 2013
Printed in Germany

Inhaltsverzeichnis

Abkürzungsverzeichnis III

Abbildungsverzeichnis V

1   Einleitung 1

2   Zielsetzung und Aufbau der Arbeit 2

3   Erneuerbare Energien 3
    3.1   Ausbau der Erneuerbaren Energien und Ziele des EEG 3
    3.2   Aufbau des EEG 10

4   Der Strommarkt 11
    4.1   OTC-Markt 12
    4.2   Die Börse 13

5   Die Vermarktungsmöglichkeiten nach EEG 2012 13
    5.1   Vermarktung nach EEG 2009 13
    5.2   Die gesetzliche Vergütung nach § 16 EEG 14
        5.2.1   Voraussetzungen 14
        5.2.2   Höhe der Vergütung 15
        5.2.3   Verringerung der gesetzlichen Vergütung 18
    5.3   Die Direktvermarktung 19
        5.3.1   Entwicklung der Direktvermarktung 19
        5.3.2   Die Direktvermarktung nach EEG 2012 23
        5.3.3   Das Marktprämienmodell 26
        5.3.4   Flexibilitätsprämie 35
    5.4   Das Grünstromprivileg 40
    5.5   EEG-Ausgleichsmechanismus 42
    5.6   Zwischenfazit 44

6   Auswirkungen der EE auf den Strommarkt 47
    6.1   Merit-Order 48
    6.2   Sonstige Preisauswirkungen 52
    6.3   Auswirkungen auf den Letztverbraucher 52

7　Auswirkungen des EEG (in Zukunft) auf das System, Preise, Modelle etc. 54

8　Fazit und Ausblick 57

Literaturverzeichnis VI

Abkürzungsverzeichnis

Abs.	Absatz
AusglMechV	Ausgleichsmechanismusverordnung
avNB.	abnahme- und vergütungspflichtiger Netzbetreiber
bdew	Bundesverband der Energie- und Wasserwirtschaft
BMU	Bundesministerium für Umwelt, Naturschutz und Reaktorsicherheit
BNetzA	Bundesnetzagentur
EE	Erneuerbare Energien
EEG	Erneuerbare Energien Gesetz
EEX	European Energy Exchange
EnWG	Energiewirtschaftsgesetz
EPEX	European Power Exchange
EV	EEG-Vergütung
EVU	Energieversorgungsunternehmen
f kor	Korrekturfaktor
FP	Flexibilitätsprämie
KK	Kapazitätskomponente
kW	Kilowatt
kWh	Kilowatt pro Stunde
KWK	Kraft-Wärme-Kopplung
LPX	Leipzig Power Exchange
MP	Marktprämie
MPM	Marktprämienmodell
MW	Megawatt
MWh	Megawatt pro Stunde
NaWaRo	Nachwachsende Rohstoffe

OTC	Over-the-Counter
Pbem	Bemessungsleistung
Pinst	installierte Leistung
Pm	Managementprämie
PV	Photovoltaik
Pzusatz	zusätzliche Leistung
rÜNB	regelverantwortlicher Übertragungsnetzbetreiber
RW	Referenzmarktwert
StromNEV	Strom-Netzentgeltverordnung
TW	Terrawatt
TWh	Terrawatt pro Stunde
ÜNB	Übertragungsnetzbetreiber
VNB	Verteilnetzbetreiber
vNNE	vermiedene Netzentgelte

Abbildungsverzeichnis

Abbildung 1 Anteil der EE an der Energiebereitstellung in Deutschland 4

Abbildung 2 Beitrag der EE zur Endenergiebereitstellung in Deutschland 2010 5

Abbildung 3 Struktur der Endenergiebereitstellung aus erneuerbaren Energien in Deutschland 2010 7

Abbildung 4 Struktur der Strombereitstellung aus erneuerbaren Energien in Deutschland 2010 8

Abbildung 5 Struktur der Wärmebereitstellung aus erneuerbaren Energien in Deutschland 2010 9

Abbildung 6 Entwicklung des Anteils der EE an der Stromerzeugung in verschiedenen Regionen bezogen auf das Jahr 1990 10

Abbildung 7 Gesetzliche Mindestvergütung nach Energieträgern für das Inbetriebnahmejahr 2011 in ct./kWh 16

Abbildung 8 Entwicklung der Direktvermarktung nach Energieträger 21

Abbildung 9 Erlöskomponenten Marktprämie 27

Abbildung 10 Stundenkontrakte vom 20.07.2011; Durchschnittspreis (Phelix Base) 32

Abbildung 11 Kosten und Erlöse einer Anlagenerweiterung 37

Abbildung 12 Exemplarische Darstellung einer Biogasanlage nach heutiger Auslegung 38

Abbildung 13 Exemplarische Darstellung einer Biogasanlage nach Auslegung mit der Kapazitätskomponente 38

Abbildung 14 EEG-Ausgleichsmechanismus ab Januar 2010 43

Abbildung 15 Entwicklung der Leistung der EEG-Anlagen nach Energieträgern bis 2016 im Trend-Szenario 46

Abbildung 17 Darstellung des Merit-Order-Effektes der Stromerzeugung aus Erneuerbaren Energien.. 49

Abbildung 18 Struktur des PowerACE Modells 50

Abbildung 19 Ergebnis des Merit-Order-Effekts 51

Abbildung 20 Zusammensetzung des Strompreises für Haushaltskunden im Jahr 2010 54

1 Einleitung

Die erneuerbaren Energien gewinnen europaweit immer mehr an Bedeutung. Fokussiert durch die Politik werden die Erneuerbaren Energien in der Öffentlichkeit und in Unternehmen, vor allem der Energiebranche, immer wichtiger. Atomkraftwerke werden nach und nach abgeschaltet und müssen daher ersetzt werden. Durch das EEG und das Energiekonzept der Bundesregierung wird der Ausbau der Erneuerbaren Energien vorangetrieben, sodass langfristig mindestens die Hälfte der deutschen Energieerzeugung aus EE stammen soll.

Durch die Umsetzung der europäischen Vorgaben soll der CO_2-Ausstoß reduziert und so die Umwelt geschont werden. Nach dem Energiekonzept soll in Deutschland der Anteil der Erneuerbaren Energien am Bruttoendenergieverbrauch bis zum Jahr 2050 auf mindestens 60% ausgebaut werden. Der Anteil der Erneuerbaren Energien am Bruttostromverbrauch soll sogar auf 80% bis 2050 steigen.

Die hohe Subventionierung durch das EEG und das EEWärmeG macht eine Investition in EE möglich. Nicht nur Großinvestoren und Energieunternehmen beteiligen sich am Ausbau der EE. Vor allem durch die Vergütung für Photovoltaik-Anlagen wird es auch Privatpersonen ermöglicht, nicht nur aus ökologischen, sondern auch aus ökonomischen Gründen von den EE zu profitieren.

Da zum Teil die Einspeisung von fluktuierenden Energieträgern, wie Wind und Solar, die Nachfrage nach Strom übersteigt, kommt es neben mangelnder Netzkapazität, zu Problemen auf dem Strommarkt. Die Frage „Wohin mit den Strommengen?" bei geringer Nachfrage wird sich zunehmend stellen. Die Preise an der Strombörse sinken an Tagen mit einer hohen Einspeisung von EEG-Strom, sodass es sich für konventionelle Kraftwerke nicht lohnt Strom zu produzieren. An besonders windigen Tagen sind sogar negative Preise an der Strombörse möglich.[1] Doch wer profitiert von diesen niedrigen Preisen?

Vor allem diese Probleme veranlasste die Gesetzgeber das EEG mit der Novelle 2012 dazu eine marktnähere Lösung zu finden. So wird mit der EEG-Novelle 2012 die Direktvermarktung in den Fokus gestellt, die durch eine zusätzliche Prämie dem Anlagenbetreiber ermöglichen soll, seinen Strom am Markt zu verkaufen. Dem Anlagenbetrei-

---

[1] Vgl. http://www.et-energie-online.de/index.php?option=com_content&view=article&id=370:systemintegration-von-erneuerbarem-strom-flexibler-einsatz-freiwilliger-abregelungsvereinbarungen&catid=20:erneuerbare-energien&Itemid=27, Stand 24.10.2011.

ber von steuerbaren Anlagen soll so eine Stromproduktion auf Grund von gegebener Nachfrage ermöglicht werden, ohne sich preislich schlechter zu stellen, als er mit der gesetzlichen Vergütung bekommt.

Auf Grund der Förderung des Selbstverbrauchs und der steigenden Strompreise entscheiden sich PV-Anlagenbetreiber vermehrt dafür ihren Strom selbst zu nutzen, um sich so von den Stromanbietern unabhängiger zu machen. Ein Anreiz möglichst viel Strom selber zu verbrauchen, ist durch eine Vergütungssteigerung bei mindestens 30% Selbstnutzung der erzeugten Menge gegeben.

Welche Möglichkeiten der Vermarktung gibt es für Betreiber von beispielsweise Wind-, Wasser- oder Biomasseanlagen? Wie kann erreicht werden den Strom bedarfsgerecht zu erzeugen und ohne Netzengpässe einzuspeisen? Und kann dies alleine durch das novellierte EEG 2012 erreicht werden? Diese Fragen werden in der nachstehenden Veröffentlichung untersucht.

2 Zielsetzung und Aufbau des Textes

Das Ziel der Veröffentlichung ist es einen Überblick über die derzeitige und zukünftige Entwicklung der Erneuerbaren Energien zu geben. Im Vordergrund stehen hierbei die Möglichkeiten der Vermarktung zwischen denen der Anlagenbetreiber wählen kann. Da derzeit noch das EEG 2009 bis zum 31.12.2011 zur Anwendung kommt, werden sowohl die derzeitigen Vermarktungsmöglichkeiten kurz aufgezeigt, sowie die Formen der Vermarktung, die der Anlagenbetreiber ab dem 01.01.2012 durch die EEG Novelle 2012 wählen kann. Schlussendlich wird der deutsche Strommarkt betrachtet, sowie die Auswirkungen der Erneuerbaren Energien auf die Entwicklung des Strompreises analysiert.

Die Veröffentlichung gliedert sich in sechs Abschnitte. Der erste Teil beschäftigt sich allgemein mit den Erneuerbaren Energien, sowie den Maßnahmen, die die Bundesregierung eingeleitet hat um den Ausbau und die Entwicklung der EE im Hinblick auf das Energiekonzept zu fördern. Der zweite Teil beschreibt den Aufbau und die Entwicklung des deutschen Strommarktes und unterteilt sich nach OTC-Markt und Strombörse. Der dritte Teil beschreibt die Möglichkeiten der Vermarktung von erneuerbarem Strom, die im EEG 2012 verankert sind. Hier wird auf die gesetzliche Vergütung eingegangen, die dem Anlagenbetreiber durch den Netzbetreiber zustehen, sowie die Möglichkeit über die Direktvermarktung nach EEG 2012 den Strom an einen Dritten zu veräußern. Neu sind dabei im Vergleich zum EEG 2009 die Prämien, die Marktprämie und die Flexibilitätsprämie, die der Anlagenbetreiber bekommen kann. Die dritte Möglichkeit der Vermarktung ist das Grünstromprivileg. Schlussendlich werden die Auswirkungen der EE auf den deutschen Strommarkt, vor allem im Hinblick auf den starken Ausbau der EE analysiert, sowie die Auswirkungen die der Ausbau auf das Energiesystem und Energiemodelle haben kann beschrieben. Abgeschlossen wird die Veröffentlichung mit einem Fazit und einem Blick in die Zukunft.

3 Erneuerbare Energien

Als Erneuerbare Energie versteht man Energieträger, die quasi unbegrenzt und kostenfrei aus der Umwelt zur Verfügung stehen. Zu den Erneuerbaren Energien zählen Sonnenenergie, Biomasse, Wasserkraft, Windenergie, Geothermie, Deponie-, Klär- und Grubengas, sowie Gezeitenenergie.[2]

3.1 Ausbau der Erneuerbaren Energien und Ziele des EEG

Im September 2010 hat die Bundesregierung in Deutschland ein Energiekonzept vorgelegt, um bis 2020 die CO_2-Emissionen im Vergleich zu 1990 um 40% zu senken und somit das Ziel der Europäischen Union zu erreichen, den weltweiten Temperaturanstieg auf maximal 2°C zu begrenzen. Dafür ist der Ausbau der Erneuerbaren Energien wichtig. So sollen die Erneuerbaren Energien bis 2020 mindestens 35% der Bruttostromerzeugung ausmachen, bis 2030 50%, 2040 65% und 2050 mindestens 80%. Um den Ausbau der EE in Deutschland zu fördern, trat im Jahr 2000 das Erneuerbare-Energien-Gesetz (EEG) in Kraft, letztmals novelliert im Jahr 2012. Auch EU weit sind Verordnungen erlassen worden, damit jedes Mitgliedsland den Ausbau der EE vorantreibt. Zweck des EEG ist „eine nachhaltige Entwicklung der Energieversorgung zu ermöglichen, die volkswirtschaftlichen Kosten der Energieversorgung auch durch die Einbeziehung langfristiger externer Effekte zu verringern, fossile Energieressourcen zu schonen und die Weiterentwicklung von Technologien zur Erzeugung von Strom aus Erneuerbaren Energien zu fördern"[3]. Das EEG dient dazu, die Technologien im Bereich der Erneuerbaren Energien, vor allem finanziell, zu unterstützen, da diese alleine nicht

---

[2] Vgl. http://www.umweltbundesamt.at/umweltsituation/energie/energietraeger/erneuerbareenergie/, Stand 24.10.2011.
[3] § 1 Abs. 1 EEG 2012.

marktfähig sind.[4] Das Ausbauziel des EEG 2009 ist bis zum Jahr 2020 den Anteil an erneuerbaren Energien an der Stromversorgung in Deutschland auf 30% zu erhöhen. Diese Vorgabe wird durch die EEG Novelle 2012 außer Kraft gesetzt, da der Ausbau der EE in den letzten Jahren so erfolgreich verlaufen ist, dass dieses Ziel zu niedrig gesteckt ist. Neues Ziel ist nun den Anteil der EE an der Stromversorgung bis spätestens 2020 auf 35%, bis zum Jahr 2050 sogar auf 80% zu erhöhen und in das Elektrizitätsversorgungssystem zu integrieren.[5]

Abbildung 1 zeigt die Entwicklung des Anteils der EE, sowie die Ausbauziele bis 2020 der EE an der Energiebereitstellung. Hier wird nicht nur der gesamte Stromverbrauch betrachtet, sondern auch den Ausbau der EE im Wärmebereich, am Kraftstoffverbrauch sowie am Primärenergieverbrauch. Betrachtet man den gesamten Stromverbrauch, so ist der Anteil der EE vom Jahr 2000 mit 6,4% bis zum Jahr 2010 auf 17% gestiegen. In den nächsten zehn Jahren muss hier, um die Ziele zu erreichen eine Verdoppelung des Ausbaus stattfinden.

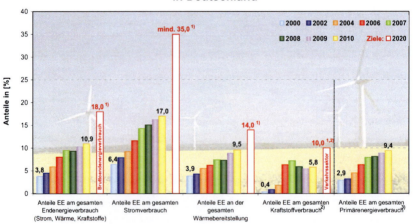

Abbildung 1 Anteil der EE an der Energiebereitstellung in Deutschland
Quelle: Entnommen aus: BMU 2011, S. 3. URL: http://www.erneuerbare-energien.de/files/pdfs/allgemein/application/pdf/ee_in_deutschland_graf_tab.pdf, Stand 24.10.2011.

---

[4] Vgl. bdew (2010), S. 8.
[5] Vgl. § 1 Abs. 2 EEG 2012.

Neben dem EEG ist im Jahr 2009 das Gesetz zur Förderung Erneuerbarer Energien im Wärmebereich (EEWärmeG) in Kraft getreten. Ziel ist hier „den Anteil an Erneuerbaren Energien am Endenergieverbrauch für Wärme (Raum-, Kühl-, Prozesswärme sowie Warmwasser) bis zum Jahr 2020 auf 14% zu erhöhen"[6]. Betrachtet man für die Wärmebereitstellung die Abbildung 1, so ist im Vergleich zum Jahr 2000 mit 3,9% der Anteil der erneuerbaren Energien im Jahr 2010 auf 9,5% gestiegen, sodass bei konstantem Ausbau im Wärmebereich das Ziel für das Jahr 2020 erreicht werden kann.

Die Erzeugung von Strom aus EE ist eine umweltschonende Art der Energiegewinnung. Erneuerbare Energien erhöhen die Rohstoffvielfalt, ersetzen fossile Brennstoffe und vermeiden den Ausstoß von CO_2 und Treibhausgasen. Im Jahr 2010 lag die Vermeidung allein für Strom, der durch das EEG vergütet wird, bei 54 Mio. Tonnen, insgesamt bei rund 115 Mio. Tonnen CO_2. Die Treibhausgase sind um rund 118 Mio. Tonnen eingespart worden (Abbildung 2).

Beitrag der erneuerbaren Energien zur Endenergiebereitstellung in Deutschland 2010

Anteil erneuerbarer Energien		
am gesamten Endenergieverbrauch	[%]	10,9
am gesamten Stromverbrauch		17,0
an der gesamten Wärmebereitstellung		9,5
am gesamten Kraftstoffverbrauch[1)]		5,8
am gesamten Primärenergieverbrauch[2)]		9,4
Minderung der Emissionen durch erneuerbare Energien		
THG-Emissionen	[Mio. t]	rd. 118
allein durch die nach EEG vergütete Stromeinspeisung		rd. 57
CO_2-Emissionen		rd. 115
allein durch die nach EEG vergütete Stromeinspeisung		rd. 54

1) Der gesamte Verbrauch an Motorkraftstoff, ohne Flugbenzin;
2) Quelle: Berechnet nach Wirkungsgradmethode; Quelle: Arbeitsgemeinschaft Energiebilanzen e.V. (AGEB);
Quelle: BMU-KI III 1 nach Arbeitsgruppe Erneuerbare Energien-Statistik (AGEE-Stat); Stand: Juli 2011; Angaben vorläufig

Abbildung 2 Beitrag der EE zur Endenergiebereitstellung in Deutschland 2010
Quelle: Entnommen aus: BMU 2011, S. 4; URL: http://www.erneuerbare-energien.de/files/pdfs/allgemein/application/pdf/ee_in_deutschland_graf_tab.pdf, Stand 24.10.2011.

---

[6] § 1 Abs. 2 EEWärmeG.

Die Abhängigkeit von fossilen Rohstoffen und somit die Importabhängigkeit wird reduziert. Die Anlagen können am Ende ihrer Lebensdauer abgebaut und recycelt werden, ohne umweltschädliche Altlasten, wie radioaktive Abfälle oder Kohlengruben, zu hinterlassen.[7]

Neben dem umweltschonenden Gesichtspunkt und der Versorgungssicherheit, ist der Ausbau der EE in Deutschland ein wirtschaftlich bedeutendes Thema. Rund 20 Mrd. Euro sind in Deutschland in die Anlagen und die Forschung investiert worden, rund 16 Mrd. Euro Wertschöpfung durch den Betrieb der Anlagen gewonnen und ein Inlandsumsatz von 36 Mrd. Euro erzielt. Mittlerweile gibt es über 300.000 Beschäftigte in der Branche.[8]

Die erneuerbaren Energien leisten im Jahr 2010 10,9 % am gesamten Endenergieverbrauch und 16,9 % am Bruttostromverbrauch.[9]

Vergleicht man die Struktur der Endenergiebereitstellung aus erneuerbaren Energien, so sieht man (s. Abbildung 3), dass der Anteil von biogenen Brennstoffen sowie Biokraftstoffen den Großteil der Endenergiebereitstellung mit rund 70% ausmachen, gefolgt von Windenergie mit 13,7% und Wasserkraft mit 7,5%. Die Photovoltaik macht mit 4,2% nur einen geringen Teil aus, obwohl gerade in dem Bereich die Anzahl und die Leistung der Anlagen deutlich gestiegen sind. Zu erklären ist dieser doch geringe Teil dadurch, dass sich oftmals private Anlagenbetreiber PV-Anlagen auf Einfamilienhäuser mit Leistungen bis maximal 10 kW bauen, dazu jedoch ein Windpark mit Leistungen bis zu 550 MW deutlich mehr zu Buche schlägt.

---

[7] Vgl. BMU (2010), S. 8.
[8] Vgl. BMU (2010), S. 8.
[9] Vgl. http://www.umweltbundesamt-daten-zur-umwelt.de/umweltdaten/public/theme.do?nodeIdent=2322, Stand 24.10.2011.

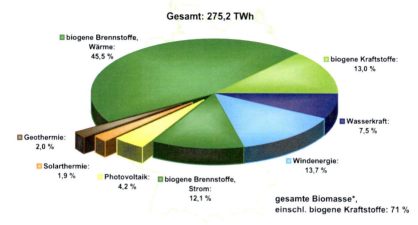

Abbildung 3 Struktur der Endenergiebereitstellung aus erneuerbaren Energien in Deutschland 2010

Quelle: Entnommen aus: BMU 2011, S. 10. URL: http://www.erneuerbare-energien.de/files/pdfs/allgemein/application/pdf/ee_in_deutschland_graf_tab.pdf, Stand 24.10.2011.

Insgesamt sind im Jahr 2010 etwa 55.922 MW zur Stromerzeugung aus erneuerbaren Energien in Deutschland installiert, wovon der Großteil mit 27.204 MW auf die Windenergie fällt, gefolgt von der Photovoltaik (17.230 MW), der Biomasse (4.960 MW), Wasserkraft (4.780 MW) und zum Schluss die Geothermie mit 7,5 MW.[10] Die Wasserkraft ist in Deutschland in den letzten 20 Jahren nahezu konstant geblieben, sodass man mit den derzeitigen Methoden davon ausgeht, dass das Potenzial hier erschöpft ist. Abbildung 4 zeigt grafisch die Zusammensetzung der erneuerbaren Energien zur Stromerzeugung.

---

[10] Vgl. http://www.erneuerbare-energien.de/files/pdfs/allgemein/application/pdf/broschuere_ee_zahlen_bf.pdf, S. 17, Stand 24.10.2011.

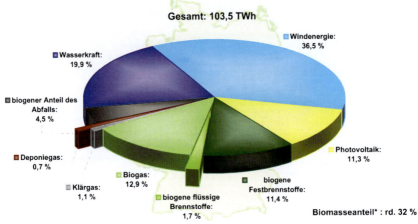
Abbildung 4 Struktur der Strombereitstellung aus erneuerbaren Energien in Deutschland 2010
Quelle: Entnommen aus: BMU 2011, S. 14. URL: http://www.erneuerbare-energien.de/files/pdfs/allgemein/application/pdf/ee_in_deutschland_graf_tab.pdf, Stand 24.10.2011.

Vergleicht man nun die Zahlen der Strombereitstellung mit der Wärmebereitstellung, so liegt der Anteil der erneuerbaren Energien am gesamten Wärmeverbrauch mit 8,8 % deutlich unter dem Anteil an der Strombereitstellung. Während bei der Stromerzeugung die Biomasse einen Anteil von 32 % an der gesamten Strombereitstellung aus erneuerbaren Energien ausweist, liegt der Anteil bei der Wärmebereitstellung bei 92 %, gefolgt von der Solarthermie mit 3,8 % und der Geothermie mit insgesamt 4,1%.

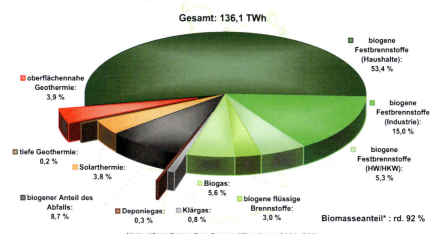

Abbildung 5 Struktur der Wärmebereitstellung aus erneuerbaren Energien in Deutschland 2010
Quelle: Entnommen aus: BMU 2011, S. 32. URL: http://www.erneuerbare-energien.de/files/pdfs/allgemein/application/pdf/ee_in_deutschland_graf_tab.pdf, Stand 24.10.2011.

Betrachtet man die Entwicklung des Ausbaus an EE in Deutschland im Vergleich zu anderen Staaten, so kann man durchaus von einem großen Erfolg sprechen (Vergleiche Abbildung 6). Weltweit ist der Ausbau von EE auf dem Niveau von 1990 geblieben. In der EU hat, nicht zuletzt auf Grund der Verordnung zum Ausbau der EE, zu einem leichten Anstieg geführt. Der Ausbau in Deutschland hingegen ist nahezu explodiert. Diesen Erfolg hat Deutschland vor allem dem EEG zu verdanken. Doch warum ist das EEG so erfolgreich?

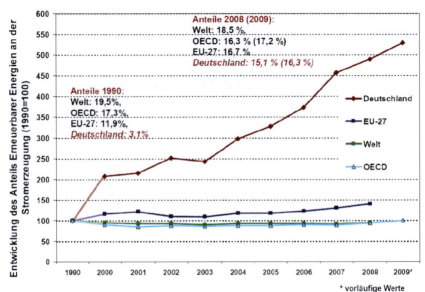

Abbildung 6 Entwicklung des Anteils der EE an der Stromerzeugung in verschiedenen Regionen bezogen auf das Jahr 1990

Quelle: Entnommen aus: EEG-Erfahrungsbericht 2011, S. 4.

3.2 Aufbau des EEG

Neben der Vergütung für die Stromerzeugung, werden Regelungen zum Anschluss und zur Abnahme des erzeugten Stroms, sowie zu den Bereichen Ausgleichsmechanismus, Mitteilungs- und Veröffentlichungspflichten und Rechtsschutz gesetzlich festgeschrieben. Mit dem EEG 2012 werden nun auch Regelungen zur Direktvermarktung und Möglichkeiten der Prämiennutzung näher definiert.

Das EEG umfasst vor allem folgende Punkte, die den Erfolg ausmachen:

- Die Netzbetreiber sind verpflichtet EEG-Anlagen an ihr Netz anzuschließen und den dafür notwendigen Netzausbau vorzunehmen (§§ 5 und 9 EEG)
- EEG-Strom vorrangig abzunehmen, zu übertragen und zu verteilen (§ 8 EEG)
- Und den EEG-Strom über 20 Jahre zu einem festen Satz zu vergüten (§ 21 EEG).

Jedoch ist das Energieversorgungssystem in Deutschland für einen sehr hohen Anteil an EEG-Strom nicht ausgelegt und muss entsprechend dem Energiekonzept angepasst und weiterentwickelt werden.[11]

So müssen die EE zur Stabilität des Gesamtsystems beitragen. Selbst bei vollständiger Abschaltung aller konventionellen Kraftwerke, übersteigt zuweilen das Angebot an EE-Strom die Nachfrage der Verbraucher. Als Beispiel sind hier negative Preise an der Strombörse zu nennen, die entstehen können wenn zu Zeiten geringer Stromnachfrage viel Strom auf Grund von starken Winden und hoher Sonneneinstrahlung eingespeist wird.

Um diese Probleme zu minimieren, sind mit dem novellierten EEG 2012 folgende wesentliche Veränderungen in Kraft getreten:

- Den Ausbau der EE, vor allem der Windenergie und Biomasse vorantreiben
- Die Kosteneffizienz verbessern
- Die Beschleunigung der Markt-, Netz- und Systemintegration der EE
- Das Festhalten der Grundprinzipien, also dem Einspeisevorrang und der gesetzlichen Vergütung.

Da die EE eine immer tragendere Rolle an der Energieversorgung übernehmen, sollen diese an den Strommarkt herangeführt werden, stärker bedarfsgerecht einspeisen und somit zur Netz- und Systemsicherheit beitragen. Um dies zu erreichen wurden im EEG 2012 folgende Instrumente eingeführt: die Ausgestaltung der Direktvermarktung und somit die Einführung der Marktprämie und der Flexibilitätsprämie, sowie die Änderung des Grünstromprivilegs.[12]

4 Der Strommarkt

Die Öffnung des Strommarktes begann mit der Liberalisierung und somit dem Wettbewerb der Stromanbieter durch das EnWG im Jahr 1998, welches die EU Richtlinie 96/92/EG in nationales Recht umsetzte. Zu Beginn fand der kurz- und langfristige Handel oftmals bilateral, also „Over-The-Counter" statt. Die Börsen entwickelten jedoch eine immer zentralere Rolle.

---

[11] Vgl. BMU (2011e), S. 3.
[12] Vgl. BMU (2011f), S. 1-2.

2001 wurde die EEX in Leipzig, aus den Strombörsen LPX in Leipzig und EEX in Frankfurt zusammengeschlossen. Diese hat sich zu einer der wichtigsten Strombörsen entwickelt. Mittlerweile wird neben Strom auch Gas, Kohle und Emissionszertifikate an der EEX gehandelt. Im Jahr 2009 ist aus der EEX und der französischen Powernext EPEX Spot SE in Paris gegründet worden. Darüber wird seither der Spotmarkt abgewickelt.[13]

Der Stromhandel kann auf unterschiedlichen, ineinander greifenden Märkten abgewickelt werden, die sich nach Fristigkeit unterscheiden lassen. Zu unterscheiden ist dabei der Spotmarkt, an dem kurzfristige Geschäfte abgewickelt werden, und der Terminmarkt, der langfristige Geschäfte abwickelt. Der Day-Ahead-Auktionsmarkt bietet Stunden- und Blockkontrakte an. Bei den Blöcken werden mehrere Stunden zusammengefasst, beispielsweise Base von 0-24 Uhr, Peak von 8-20 Uhr. „ Aus den stündlichen Spotmarktpreisen wird der Phelix als täglicher Strompreisindex gebildet."[14] Am Terminmarkt werden Futures, wie Monats-, Quartals- und Jahresfutures mit dem Basispreis Phelix angeboten.[15]

4.1 OTC-Markt

Unter OTC versteht man Märkte, auf denen die Marktteilnehmer den Handel bilateral, untereinander oder mit Hilfe von Intermediären, abwickeln. Die verschiedenen Marktplätze sind nicht organisiert. Daher ist nur eine geringe Preis- und Mengentransparenz gegeben.[16]

Auf dem Spotmarkt werden kurzfristige physische Lieferungen innerhalb von 24 Stunden gehandelt. Der Terminmarkt befasst sich mit Lieferungen über 24 Stunden hinaus. Je nach gehandeltem Produkt erfolgt die Lieferung physisch oder finanziell durch eine Ausgleichszahlung.[17]

Ein entscheidender Vorteil gegenüber den institutionalisierten Märkten ist, dass in Vergleich zu den standardisierten Produkten auf der Börse die „Produkte und Verträge

---

[13] Vgl. http://www.eex.com/de/EEX und http://www.et-energie-online.de/index.php?option=com_dhwiki&view=dhwiki_e&id=86, Stand 24.10.2011.
[14] http://www.et-energie-online.de/index.php?option=com_dhwiki&view=dhwiki_e&id=86, Stand 24.10.2011.
[15] Vgl. Ockenfels (2008) et al, , S. 6-9.
[16] Vgl. Wiesner, Markus (2009), S. 62-63.
[17] Vgl. Wittwer (2008), S.45.

nach den individuellen Bedürfnissen der jeweiligen Handelspartner richten"[18]. Daher erfolgt die Direktvermarktung von EE-Strom oftmals über den OTC-Markt.

4.2 Die Börse

Die Strombörse, als institutioneller Marktplatz, zeichnet sich dadurch aus, dass standardisierte Produkte gehandelt werden und die Abwicklung organisiert abläuft. Im Vergleich zum OTC gibt es zu jedem Zeitpunkt einen festen Preis und somit mehr Transparenz. Ebenso wie bei dem OTC lassen sich die Märkte an der Strombörse in Spot- und Terminmarkt unterscheiden.[19]

Der EEX-Strommarkt kann in drei Märkte gegliedert werden. Bei dem Intraday-Markt kann man Strom bis zu 45 Minuten vor der Lieferung kaufen. Dies wird zum Ausgleich der Bilanzkreise genutzt, um Prognosefehler zu korrigieren. Bei dem Day-Ahead-Markt kann der Strom bis 24 Stunden vor der Lieferung gekauft werden. Die Preisbildung folgt auf Basis von Auktionen. Der Intraday-Markt und der Day-Ahead-Markt werden als Spotmarkt bezeichnet. Auf dem dritten Markt werden Futures, also Verpflichtungen eine bestimmte Strommenge zu einem bestimmten Preis in der Zukunft zu kaufen, gehandelt.[20]

5 Die Vermarktungsmöglichkeiten nach EEG 2012

Der Fokus dieses Buches liegt auf den Vermarktungsmöglichkeiten, die der Anlagenbetreiber auf Grundlage des EEG 2012 hat. Die Novellierung des Gesetzes tritt zum 01. Januar 2012 in Kraft. Bis dahin gilt das EEG 2009. Der nachfolgende Abschnitt zeigt kurz die derzeitigen Möglichkeiten des Anlagenbetreibers seinen Strom zu verkaufen. Im Anschluss werden die Formen der Vermarktung des EEG 2012 näher erläutert.

5.1 Vermarktung nach EEG 2009

Nach dem EEG 2009 hat der Anlagenbetreiber drei Möglichkeiten seinen Strom zu verkaufen. Entweder verkauft er seinen erzeugten Strom an den Verteilnetzbetreiber, in dessen Netz er den Strom einspeist und bekommt dafür die gesetzliche Vergütung.

---

[18] Wittwer (2008), S.45.
[19] Vgl. http://www.et-energie-online.de/index.php?option=com_dhwiki&view=dhwiki_e&id=86, Stand 24.10.2011.
[20] Vgl.
http://www.iwes.fraunhofer.de/content/dam/iwes/de/documents/Holzhammer_Uwe_Marktpr%C3%A4mie%20und%20Flexibilit%C3%A4tspr%C3%A4mie.pdf, S. 15, Stand 10.01.2012.

Diese Variante der Vermarktung hat sich zum EEG 2012 kaum verändert. Die zweite Möglichkeit ist: er verkauft den Strom an einen Dritten im Rahmen der Direktvermarktung nach § 17 EEG 2009 zu einem vorher vereinbarten Preis. Alternativ verkauft er den Strom an einen Lieferanten, der das Grünstromprivileg erwirbt und dadurch eine verringerte EEG-Umlage zu zahlen hat gem. § 37 EEG 2009.

5.2 Die gesetzliche Vergütung nach § 16 EEG

Die derzeit übliche Vermarktung von EEG-Strom durch Anlagenbetreiber ist der Verkauf des erzeugten Stroms an den VNB. Dieser ist nach § 8 Abs. 1 EEG verpflichtet, Strom aus EE und Grubengas vorrangig abzunehmen, zu übertragen und zu verteilen. Die Pflicht besteht auch für Strom aus erneuerbaren Energien, der keine gesetzliche Vergütung nach § 16 EEG bekommt, beispielsweise bei direktvermarktetem Strom.

Es gibt eine Ausnahme der Abnahmepflicht. Ist die Netzkapazität überlastet oder droht eine Überlastung, kann der VNB die Anlagen in seinem Netz gem. Einspeisemanagement nach § 11 EEG regeln. Davon betroffen sind gem. § 6 EEG Anlagen mit einer Leistung über 100 kW. Es ist durch den VNB sicherzustellen, dass die größtmögliche Menge an Strom aus EE und KWK abgenommen wird und die Ist-Einspeisung in dem Netz abgerufen worden ist.

Ebenso ist der VNB verpflichtet seine Netzkapazität entsprechend auszubauen (§ 9 EEG).

5.2.1 Voraussetzungen

Die Zahlung der gesetzlichen Vergütung wird in § 16 EEG geregelt. Anlagen, die die gesetzliche Vergütung in Anspruch nehmen wollen, müssen die Voraussetzungen des § 6 EEG erfüllen. Dieser Paragraph beinhaltet, dass Anlagen mit einer Leistung von mehr als 100 kW eine Einrichtung zur ferngesteuerten Einspeisereduzierung und zur Abrufung der jeweiligen Ist-Einspeisung mit Hilfe einer technischen Einrichtung anzubringen haben. Ausgenommen waren bisher hiervon gem. dem Hinweis der Clearingstelle EEG im Verfahren 2009/14 Photovoltaikanlagen, da nach dem Anlagenbegriff des § 3 Nr. 1 EEG 2009 jedes Modul einer Photovoltaikanlage als separate Anlage zu betrachten ist. Mit der EEG-Novelle 2012 sind auch Photovoltaikanlagen von dieser Regelung betroffen. Ferner sind PV-Anlagenbetreiber verpflichtet, Anlagen mit einer Leistung zwischen 30 und 100 kW ebenfalls diese Einrichtungen zu installieren. Anlagenbetreiber von PV-Anlagen bis 30 kW haben die Wahlmöglichkeit der Ausrüstung entweder gem. § 6 Abs.1 Nr. 1 EEG 2012 oder die Begrenzung der maximale Wirkleistungseinspeisung am Netzverknüpfungspunkt auf 70%.[21] Diese Regelungseinrichtung, als Voraussetzung für das Einspeisemanagement, ist notwendig, um für eine Netz- und Systemstabilität zu sorgen.

Es entfällt die Vergütungszahlung bei Biogasanlagen, wenn Anlagenbetreiber ihre Anlagen nicht gem. § 6 Abs. 4 EEG 2012 ausrüsten. Dieser Absatz regelt, dass „bei der Erzeugung des Biogases

1. Ein neu zu errichtendes Gärrestlager am Standort der Biosgaserzeugung technisch gasdicht abgedeckt ist und die hydraulische Verweilzeit in dem gasdichten und an eine Gasverwertung angeschlossenen System mindestens 150 Tage beträgt und
2. Zusätzliche Gasverbrauchseinrichtungen zur Vermeidung einer Freisetzung von Biogas verwendet werden."[22]

Anlagenbetreiber von Windanlagen müssen gem. § 6 Abs. 5 EEG 2012 sicherstellen, dass am Netzverknüpfungspunkt der Anlage die Anforderungen der Systemdienstleistungsverordnung (SDLWindV) erfüllt sind.

Die Meldung an die Bundesnetzagentur bzw. die Eintragung im Anlagenregister ist ebenso für Anlagenbetreiber verpflichtend.[23]

5.2.2 Höhe der Vergütung

Sind die oben beschriebenen Voraussetzungen erfüllt, steht dem Anlagenbetreiber eine fest vorgeschriebene Vergütung zu. Die Höhe der Mindestvergütung richtet sich nach der Energieart, dem Inbetriebnahmejahr, der Leistung bzw. der Bemessungsleistung der Anlage, sowie weiteren Anlageneigenschaften, wie beispielsweise den Einsatzstoffen. Der Vergütungssatz für die Anlagen ist, bis auf wenige Ausnahmen, für 20 Jahre fest und ändert sich nicht. Die folgende Tabelle zeigt die verschiedenen Vergütungssätze für die unterschiedlichen Energieträger für das Inbetriebnahmejahr 2011, ohne eine Berücksichtigung von Boni. Dabei liegt die Spanne der Vergütung zwischen 3,5 ct./kWh Und 28,74 ct./kWh.

---

[21] Vgl. § 6 Abs. 2 Nr. 2 EEG 2012.
[22] § 6 Abs 4 EEG 2012.
[23] Vgl. § 17 Abs. 2 Nr. 1 und 2 EEG 2012.

Energieträger	Leistung	Vergütung/ct.
Wasserkraft	bis 500 kW	12,67
	bis 2 MW	8,65
	bis 5 MW	7,65
Deponiegas	bis 500 kW	8,73
	bis 5 MW	5,98
	mit Innovativer Anlagentechnik bis 500 kW	10,67
	mit Innovativer Anlagentechnik bis 5 MW	7,92
Klärgas	bis 500 kW	6,9
	bis 5 MW	5,98
	mit Innovativer Anlagentechnik bis 500 kW	8,84
	mit Innovativer Anlagentechnik bis 5 MW	7,92
Grubengas	bis 1 MW	6,95
	bis 5 MW	5,01
	ab 5 MW	4,04
	mit Innovativer Anlagentechnik bis 1 MW	8,89
	mit Innovativer Anlagentechnik bis 5 MW	6,95
Biomasse	bis 150 kW	11,44
	bis 500 kW	9
	bis 5 MW	8,09
	5 MW- 20 MW	15,58
Geothermie	bis 10 MW	19,6
	über 10 MW	14,21
	mit Wärmenutzung bis 10 MW	22,54
Wind onshore	Anfangsvergütung	9,02
	Endvergütung	4,92
Repowering-Anlagen	Anfangsvergütung	9,51
	Endvergütung	4,92
Wind offshore	Anfangsvergütung	15
	Endvergütung	3,5
Solaranlagen	bis 30 kW	28,74
	bis 100 kW	27,33
	bis 500 kW	25,86
	Selbstverbrauch bis 30% bis 30 kW	12,36
	Selbstverbrauch ab 30% bis 30 kW	16,74
	Selbstverbrauch bis 30% bis 100 kW	10,95
	Selbstverbrauch ab 30% bis 100 kW	15,33
	Selbstverbrauch bis 30% bis 500 kW	9,48
	Selbstverbrauch ab 30% bis 500 kW	13,86

Abbildung 7 gesetzliche Mindestvergütung nach Energieträgern für das Inbetriebnahmejahr 2011 in ct./kWh

Quelle: In Anlehnung an: http://www.eeg-kwk.net/de/EEG_Umsetzungshilfen.htm, Stand 24.10.2011.

Die Komplexität des Vergütungssystems mit derzeit über 3.120 Vergütungskategorien wird durch eine hohe Zielgenauigkeit der Anreizwirkung sowie Missbrauchsmöglichkeiten gerechtfertigt. Auf der anderen Seite wird die Handhabung mit diesen verschiedenen Vergütungssetzung und die Zuordnung der einzelnen Anlagen dazu in Mitleidenschaft gezogen.[24]

Die Höhe der gesetzlichen Mindestvergütung sinkt für Anlagen die neu in Betrieb genommen werden. Die Degressionsätze liegen zwischen 1% bei beispielsweise Biomasse oder Geothermie und 13% bei Solarenergie. Die Höhe der Degression bei solarer Strahlungsenergie ist abhängig vom Zubau der Anlagen. Andere Energieträger wie beispielsweise Wasserkraftanlagen bis 5 MW oder Windenergie Offshore haben keine Degression.[25]

Die Vergütungsregelungen für jeden einzelnen Energieträger werden in den Folgeparagrafen 18 bis 33 geregelt. Hier werden nach Energieträger getrennt die einzelnen Vergütungssätze definiert.

Neben der Grundvergütung haben Energieträger wie Klär-, Deponie und Grubengas sowie Biomasse die Möglichkeit zusätzliche Boni zu bekommen, wie den Technologiebonus, den NaWaRo-Bonus, den KWK-Bonus oder den Formaldehyd-Bonus. Um die Bonuszahlung zu bekommen sind dem VNB Nachweise zu erbringen.[26]

Die Höhe der gesetzlichen Mindestvergütung ist so bemessen, dass „bei rationeller Betriebsführung der wirtschaftliche Betrieb der verschiedenen Anlagentypen zur Erzeugung von Strom aus Erneuerbaren Energien ermöglicht wird"[27]. Somit wird ein wirtschaftlicher Betrieb jedoch ohne eine Gewinngarantie ermöglicht. Eine „unnötig hohe Vergütung"[28] soll vermieden werden, „um die betriebswirtschaftlichen Differenzkosten der Stromerzeugung aus Erneuerbaren Energien möglichst gering zu halten"[29].

Da es sich hierbei um eine Mindestvergütung handelt, steht es dem jeweiligen Netzbetreiber frei einzelne Energieträger zu fördern und eine höhere Vergütung auszuzahlen.

---

[24] Vgl. Altrock (2011) S. 325 Rn 3.
[25] Vgl. §§ 20, 20a EEG 2012.
[26] Vgl. § 27 EEG 2012.
[27] Altrock (2011) S. 325 Rn 2.
[28] Altrock (2011) S. 328 Rn 11.
[29] Altrock (2011) S. 328 Rn 11.

Allerdings wird von dem ÜNB lediglich der Mindestvergütungssatz gezahlt, sodass der VNB die Differenzkosten selbst zu zahlen hat.[30]

Neben der Möglichkeit 100% des erzeugten Stroms in das Netz des Netzbetreiber einzuspeisen, hat der Anlagenbetreiber die Möglichkeit den erzeugten Strom durch Photovoltaikanlagen selbst zu nutzen (§ 33Abs. 2 EEG) oder an einen Dritten in unmittelbarer räumlicher Nähe zu leiten, der diesen nutzen kann (kaufmännisch-bilanzielle Weitergabe).

Betreiber von Photovoltaikanlagen bekommen für selbst genutzen Strom eine gesetzliche Vergütung. Diese richtet sich nach der prozentualen Höhe des selbst genutzten Stroms. Verbraucht der Anlagenbetreiber weniger als 30% des erzeugten Stroms selber, verringert sich der gesetzliche Vergütungssatz nach § 33 Abs. 1 EEG um 16,38 ct/kWh, für den Anteil der über 30% des erzeugten Stroms liegt, verringert sich die Vergütung um 12 ct/kWh. Dem Anlagenbetreiber soll so ein finanzieller Anreiz gegeben werden möglichst viel Strom selbst zu nutzen. Neben dem finanziellen Aspekt für den Anlagenbetreiber wirkt sich dies auch für den Netzbetreiber aus. Es wird weniger Strom in das Netz eingespeist.

Bei der kaufmännisch-bilanziellen Weitergabe wird der Strom in direkter räumlicher Nähe durch einen Dritten verbraucht, ohne dass der Strom in das Netz des VNB voll eingespeist wird. Der Anlagenbetreiber bekommt jedoch den kompletten erzeugten Strom durch den VNB vergütet.

5.2.3 Verringerung der gesetzlichen Vergütung

Die gesetzliche Vergütungszahlung nach § 16 EEG verringert sich entsprechend § 17 Abs. 2 EEG 2012 auf den tatsächlichen Monatsmittelwert des energieträgerspezifischen Marktwerts, wenn

- Anlagenbetreiber von PV-Anlagen nicht den Standort und die Leistung an die Bundesnetzagentur gemeldet haben
- Anlagenbetreiber nicht die Anlage in das allgemeine Anlagenregister nach Maßgaben einer Rechtsverordnung auf Grund des § 64 e EEG 2012 eingetragen haben, hier ist allerding eine Errichtung dieses Anlagenregisters Voraussetzung

---

[30] Vgl. Altrock (2011) S. 328 Rn 13.

- Anlagenbetreiber nach § 16 Abs. 3 mindestens für die Dauer eines Kalendermonats verstoßen
- Der Vorbildfunktion öffentlicher Gebäude nach § 3 Abs. 4 Nr. 1 des EEWärmeG verstoßen wird, da es keine KWK-Anlage ist.

Die Vergütung fällt gem. § 17 Abs. 1 EEG 2012 weg, wenn gegen Punkte des § 6 Abs. 1, 2, 4 oder 5 EEG 2012 verstoßen wird. So entfällt die Vergütung, wenn der Anlagenbetreiber die technischen Vorgaben des § 6 EEG nicht einhält.

5.3 Die Direktvermarktung

„Die Direktvermarktung ist ein Instrument, um die schrittweise Integration der erneuerbaren Energien in den Markt zu fördern."[31] Anlagenbetreiber können dadurch Erfahrungen im Markt sammeln und davon profitieren. Sie haben jederzeit die Möglichkeit wieder in die gesetzliche Vergütung zurück zu wechseln, um so das Marktrisiko zu minimieren.

Mit der EEG-Novelle 2012 ist die Direktvermarktung stärker in den Fokus gerückt. Auf Grund der gestiegenen Anzahl der EEG-Anlagen ist die Bedeutung dieser für die Märkte immer wichtiger.

Das EEG garantiert dem Anlagenbetreiber unabhängig vom Strombedarf eine fest vorgeschriebene Vergütung über in der Regel 20 Jahre. Knappheits- und Überschusssignale durch den Marktpreis zeigen keine Wirkung. Da das EEG mengenorientiert vergütet, gibt es für die Anlagenbetreiber keinen Anreiz zur bedarfsgerechten Erzeugung von Strom.[32] Wie bereits beschrieben gab es zwei Instrumente zur Marktintegration im EEG 2009, die Direktvermarktung nach § 17 EEG 2009 und das Grünstromprivileg nach § 37 EEG 2009.

Was sind die Gründe die Direktvermarktung derart anzupassen? Der nachstehende Abschnitt zeigt die Entwicklung der Direktvermarktung kurz auf.

5.3.1 Entwicklung der Direktvermarktung

Erst im Jahr 2009 wurde mit § 17 EEG die Vermarktung von EEG-Strom an Dritte näher definiert. Davor war dem Anlagenbetreiber möglich für kurze Zeiträume, bei-

---

[31] bdew (2010c), S. 11.
[32] Vgl. bdew (2010b), S. 29.

spielsweise täglich oder sogar viertelstündlich, seinen Strom direkt zu vermarkten. In Hochpreiszeiten wurde dies genutzt, während in Niedrigpreiszeiten der Strom an den VNB zu den festgelegten EEG-Vergütungssätzen verkauft wurde. Dieses „Rosinenpicken" soll durch den § 17 EEG verhindert werden, da die Direktvermarktung nur monatlich geändert werden kann und nicht mehr viertelstündlich. Die Regelung „schränkt diese Freiheit ein und will so auch die Planungssicherheit der Netzbetreiber im Bereich des Lastmanagements dienen"[33]. Die Chancen und Risiken werden auf den Anlagenbetreiber verschoben.

Langfristiges Ziel ist es den EEG-Strom marktfähig zu machen.[34]

Anlagenbetreiber haben nun das Recht den erzeugten Strom kalendermonatlich an Dritte zu verkaufen. Dies ist dem VNB vor Beginn des jeweils vorangegangenen Kalendermonats anzuzeigen (§ 17 Abs. 1 EEG 2009). Dies kann über die Strombörse oder direkt „over the counter" (OTC) ausgeführt werden. Nach § 17 Abs. 2 EEG 2009 kann neben einer 100%igen Direktvermarktung auch ein bestimmter Prozentsatz an einen Dritten verkauft werden. Dieser muss nachweislich jederzeit eingehalten werden. Das heißt, dass der Strom zu jedem Zeitpunkt des Monats nach den festgelegten Prozentsätzen auf die Bilanzkreise aufgeteilt und zugeordnet werden muss. Der Nachweis kann durch eine registrierende Leistungsmessung erfolgen. Der Teil der nicht durch den Dritten gekauft wird, wird gem. § 16 EEG 2009 durch den VNB vergütet. Der Vergütungszeitraum gem. § 21 Abs. 2 EEG 2009 verlängert sich nicht. Der VNB vergütet dem Anlagenbetreiber die vermiedenen Netzentgelte gem. § 18 StromNEV für die direktvermarktete Menge.

Aus der nachfolgenden Tabelle lässt sich erkennen, dass die Leistung der Anlagen, die ihren Strom direktvermarkten, im letzten Jahr zwar gestiegen ist, jedoch im Vergleich zu der insgesamt installierten Leistung eher gering ist. Ohne einen zusätzlichen Anreiz, beispielsweise durch die Prämie nach § 64 Abs. 1 Satz 1 Nr. 6 EEG, ist die Direktvermarktung nach § 17 EEG für die meisten Anlagenbetreiber unattraktiv.

---

[33] Altrock (2011), S. 345 Rn 2.
[34] Vgl. bdew (2010b), S. 2.

Informationen zur Direktvermarktung nach § 17 EEG

Monat	MW gesamt	Wasser	Gase	Biomasse	Wind onshore	Photovoltaik
Jan 10	227,1	109	78	0	40	0,06
Feb 10	241	114	88	1	38	0,01
Mär 10	291	136	98	5	52	0,01
Apr 10	259	119	99	5	36	0,02
Mai 10	246	110	105	5	26	0,01
Jun 10	245	113	107	0,8	24	0,21
Jul 10	313,28	116	99	1,1	97	0,18
Aug 10	319,89	123	122	0,8	74	0,09
Sep 10	400,55	124	153	15,4	108	0,15
Okt 10	423,07	112	192	0	119	0,07
Nov 10	488,19	120	247	0	121	0,19
Dez 10	395,05	125	168	0	102	0,05
Jan 11	1498,33	459	227	437	375	0,33
Feb 11	2110,37	513	247	555	795	0,37
Mär 11	2270,35	507	259	570	934	0,35
Apr 11	2352,29	532	280	626	914	0,29
Mai 11	2665,33	546	298	657	1164	0,33
Jun 11	2885	544	305	712	1323	0,12
Jul 11	3524	566	314	822	1821	0,22
Aug 11	3923	574	317	801	2231	0,22
Sep 11	4238	573	268	822	2575	0,19
Okt 11	4844	530	328	875	3111	0,85
Nov 11	4197	502	329	876	2491	0,6

Abbildung 8 Entwicklung der Direktvermarktung nach Energieträger

Quelle: In Anlehnung an: http://www.eeg-kwk.net/de/file/Direktvermarktung2011_Stand_20111121.pdf, Stand 07.01.2012.

Bis zum November 2011 sind 4.197 MW Anlagenleistung in die Direktvermarktung gewechselt. Die Direktvermarktung ist scheinbar stark gestiegen. Bis Ende 2011 sind jedoch voraussichtlich über 65.000 MW Leistung insgesamt installiert.[35] Die geringe Anlagenzahl, die in die Direktvermarktung einsteigen, lässt sich durch zwei Faktoren erklären: die gesetzliche Vergütungshöhe und die Planbarkeit der Anlagen.[36] Anlagenbetreiber wählen die Direktvermarkung, wenn Sie dadurch mit einer höheren Rendite rechnen können, als sie durch die gesetzliche Vergütungszahlung bekommen. Da jedoch in den meisten Fällen die EEG-Vergütung über dem durchschnittlichen Marktpreis liegt, lohnt sich eine Direktvermarktung nur für die wenigsten Anlagen und meist auch nur in wenigen Zeiten, wenn die Stromnachfrage und somit der Preis über der gesetzlichen Vergütung liegt. Dies ist bei Energieträgern mit einer geringen gesetzlichen Vergütung, wie Deponie-, Klär-, Grubengas der Fall, vereinzelt auch für Biomasse und Wasserkraft lukrativ. Zum anderen kommen Anlagen mit einer hohen Planbarkeit eher für die Direktvermarktung in Frage, da der Anlagenbetreiber am Spotmarkt den Strom für den folgenden Tag anbietet und diesen bei Zuschlag auch entsprechend liefern muss. Hier sind vor allem Biomasse- und Wasserkraftanlagen im Vorteil. Die ÜNB prognostizieren in der EEG-Mittelfristprognose bis 2015, dass 95% der Gase (Klärgas, Deponiegas und Grubengas), 84% der Wasserkraftanlagen und 53% der Biomasseanlagen in die Direktvermarktung übergehen.[37] Das sind die Energieträger mit der höchsten Planbarkeit und einer geringen gesetzlichen Vergütung.

Um die Direktvermarktung für Anlagenbetreiber attraktiver zu gestalten, wurde bereits im EEG 2009 durch § 64 Abs. 1 Satz 1 Nr. 6 eine Verordnungsermächtigung zur besseren Netz- und Marktintegration der Erneuerbaren Energien geschaffen, um dem Anlagenbetreiber einen finanziellen Anreiz zu bieten und die Voraussetzungen für die Teilnahme am Regelenergiemarkt zu schaffen. Um dies zu erreichen, lagen zwei Modellvorschläge vor, das Marktprämienmodell und der Kombi-Kraftwerks-Bonus.[38] Letzteres Modell hat sich jedoch nicht durchgesetzt. Näheres zum Marktprämienmodell ist unter dem Punkt Direktvermarktung durch das EEG 2012 zu finden.

---

[35] Vgl. http://www.eeg-kwk.net/de/file/2010-10-12-IE-EEG-Jahresprognose2011.pdf, Stand 24.10.2011.
[36] Vgl. bdew (2010c), S. 11.
[37] Vgl. http://www.eeg-kwk.net/de/file/Zusammenfassung_Mittelfristprognose.pdf, Stand 24.10.2011.
[38] Vgl. http://www.bmwi.de/BMWi/Redaktion/PDF/Publikationen/Studien/foerderung-direktvermarktung-und-einspeisung-von-strom,property=pdf,bereich=bmwi,sprache=de,rwb=true.pdf, Stand 24.10.2011.

5.3.2 Die Direktvermarktung nach EEG 2012

Mit dem neuen EEG sind zwei Prämien eingeführt worden, die Marktprämie und die Flexibilitätsprämie. Dadurch verspricht man sich eine bedarfsgerechte Erzeugung, eine Optimierung der Prognosen durch eine enge Kommunikation mit den Anlagenbetreibern, eine Optimierung des Umgangs mit Fahrplanabweichungen (Demand-Side-Management), sowie einen Anreiz zum Bau und zur Weiterentwicklung von Speichermöglichkeiten.[39]

Der Teil 3a des EEG, die Direktvermarktung, setzt sich aus 6 Paragrafen zusammen, die im Einzelnen näher erläutert werden.

In § 33a EEG 2012 werden die Grundsätze und Begriffe erläutert. Anlagenbetreiber können den Strom aus EE und Grubengas unter Voraussetzungen der §§ 33b bis 33f EEG 2012 an Dritte verkaufen. Es steht ihm frei den Strom an der Strombörse anzubieten oder den Strom bilateral, „over the counter" (OTC), zu verkaufen. Nicht von der Direktvermarktung betroffen ist der Anlagenbetreiber, wenn er den Strom an einen Dritten veräußert, der den Strom in unmittelbarer räumlicher Nähe zur Anlage verbrauchen und der Strom nicht durch ein Netz durchgeleitet wird, sog. Kaufmännisch-bilanzielle Weitergabe.[40]

In § 33b EEG 2012 werden die Formen der Direktvermarktung, aus Gründen des besseren Verständnisses, zusammengefasst. Anlagenbetreiber haben drei Möglichkeiten den Strom direkt zu vermarkten. Sie können den Strom direkt vermarkten und dadurch die Marktprämie nach § 33g EEG 2012 in Anspruch nehmen. Eine weitere Möglichkeit ist den Strom an einen Grünstromhändler zu verkaufen, der den Strom zur Erreichung des Grünstromprivilegs gem. § 39 EEG 2012 und somit zum Zwecke der Verringerung der EEG-Umlage nutzt. Alternativ können Anlagenbetreiber den Strom in sonstiger Weise direkt vermarkten. Diese Vermarktungsform umfasst alle weiteren Möglichkeiten einer Direktvermarktung und dient somit als Auffangtatbestand. Ein Beispiel hierfür wäre Strom aus EE oder Grubengas, der ohne Förderunterstützung durch das EEG direkt vermarktet wird. Der Anlagenbetreiber bekommt dabei neben den Marktlösen die vNNE von dem VNB ausgezahlt.

---

[39] Vgl. bdew (2011b), S. 37.
[40] Vgl. § 16 Abs. 3 und § 33 Abs. 2 EEG 2012.

Alle drei Formen der Direktvermarktung schließen sich gegenseitig aus, sodass sich der Anlagenbetreiber für eine Form entscheiden muss. Wird Strom gleichzeitig in mehreren Formen direkt vermarktet, verstößt der Anlagenbetreiber gegen das Doppelvermarktungsverbot gem. § 56 EEG. Somit ist keine doppelte Förderung des Stroms durch das EEG möglich. Nimmt ein Anlagenbetreiber beispielsweise die Marktprämie in Anspruch, hat er keine Möglichkeit eine weitere Wertsteigerung des Stroms bei gleichzeitiger Vermarktung an einen Grünstromhändler zu erzielen.

Der nächste Paragraph (§ 33 c EEG 2012) legt die Pflichten des Anlagenbetreibers bei der Direktvermarktung fest. Nach Abs. 1 dürfen Anlagenbetreiber „Strom, der mit Strom aus mindestens einer anderen Anlage über eine gemeinsame Messeinrichtung abgerechnet wird, nur direkt vermarkten, wenn der gesamte, über diese Messeinrichtung abgerechnete, Strom an Dritte direkt vermarktet wird"[41]. Dies soll die Umsetzung der Direktvermarktung in der Praxis sicherstellen und Missbrauch effektiv verhindern. Nach Abs. 2 darf der Anlagenbetreiber den Strom zur Erzielung der Marktprämie oder zur Nutzung des Grünstromprivilegs nur direkt vermarkten, wenn folgende Voraussetzungen gegeben sind:

1. Für den direkt vermarkteten Strom ein Vergütungsanspruch gem. § 16 EEG 2012 besteht, der nicht von § 17 EEG 2012 betroffen ist, sowie kein vermiedenes Netzentgelt nach § 18 Abs. 1 Satz 1 StromNEV in Anspruch genommen wird,
2. Der Strom in einer Anlage erzeugt wird, die mit den technischen Einrichtungen des § 6 Abs. 1 Nummer 1 und 2 EEG 2012 ausgestattet ist,
3. Die gesamte Ist-Einspeisung der Anlage in viertelstündlicher Auflösung gemessen und bilanziert wird und
4. Der direkt vermarktete Strom in einem Bilanz- oder Unterbilanzkreis bilanziert wird, in dem ausschließlich Strom derselben Form der Direktvermarktung bilanziert wird. Dieser Absatz dient der Sicherstellung, dass Strom aus EE und Grubengas nicht mehrfach gefördert werden und auch nur förderfähiger Strom die Marktprämie und das Grünstromprivileg in Anspruch nehmen kann.

§ 33d EEG 2012 regelt den Ablauf für einen Wechsel in die Direktvermarktung, zwischen der Formen der Direktvermarktung oder zurück in die gesetzliche Vergütung.

---

[41] § 33c Abs. 1 EEG 2012.

Entsprechend gilt dies für den Wechsel von der gesetzlichen Vergütung gem. § 16 EEG in die Direktvermarktung nach § 33a, für den Wechsel zwischen den Direktvermarktungsformen gem. § 33b sowie für den Wechsel von der Direktvermarktung nach § 33a in die gesetzliche Vergütung gem. § 16 EEG. Der Wechsel kann nur zum ersten Kalendertag eines Monats erfolgen und ist nur kalendermonatlich möglich. Somit muss auch ein Wechsel zwischen den Direktvermarktungsformen dem VNB mitgeteilt werden. Es soll dadurch „schneller und präziser erkannt werden, welche Vermarktungswege von den Anlagenbetreibern gewählt werden"[42]. Des Weiteren ist der VNB verpflichtet monatliche Prognosedaten und Anlagenstammdaten an den ÜNB zu melden. Diese beinhalten auch die Daten zu den verschiedenen Formen der direktvermarkteten.

Der VNB ist vor Beginn des jeweils vorangegangenen Kalendermonats durch den Anlagenbetreiber zu unterrichten. Neben den Identifikationsdaten der Anlage sind dem VNB der Beginn der Direktvermarktung, der Prozentsatz, zu dem der Strom direkt vermarktet wird, der Name, Sitz und die Marktpartner-ID (ILN bzw. BDEW-Codenummer) des stromaufnehmenden Lieferanten, sowie der Bilanzkreis im Sinne des § 3 Nr. 10a EnWG zwecks Zuordnung des Zählpunkt inkl. Zuordnungsermächtigung vom Bilanzkreisverantwortlichen zu benennen. Neben diesen Mitteilungsinhalten sind dem VNB auch die Form der Direktvermarktung, in die gewechselt wird, mitzuteilen. Der Anlagenbetreiber hat die Möglichkeit nach dem allgemeinen Zivilrecht diese Pflicht der Mitteilung an den Händler abzutreten. Nach § 47 Abs. 1 Nummer 1 sind die Mitteilungen kumuliert für die drei Formen durch den VNB an den ÜNB zu übermitteln und gem. § 52 von dem ÜNB auf seiner Transparenzplattform zu veröffentlichen. So kann die Öffentlichkeit im Internet die Inanspruchnahme der Direktvermarktungsformen nachvollziehen.

Spätestens ab dem 01.Januar 2013 ist der VNB gem. § 33 d Abs. 3 verpflichtet, für den Wechsel von Anlagen in die Vermarktungsformen bundesweite, einheitliche, massengeschäftstaugliche Verfahren einschließlich Verfahren für die vollständige automatisierte elektronische Übermittlung und Nutzung der Meldungsdaten zur Verfügung zu stellen, die den Vorgaben der Bundesnetzagentur genügen.[43] Auch Anlagenbetreiber müssen diese Formate nutzen, sobald diese zur Verfügung stehen (Abs. 4). Bei Verstößen erlischt ebenso das Recht auf die Prämien.

---

[42] BMU (2011a), S. 139.
[43] Vgl. § 33 d Abs. 3 EEG 2012.

Da auch nach dem EEG 2012 nicht nur der vollständig erzeugte Strom direkt vermarktet werden muss, sondern auch gewisse Prozentsätze, greift dies § 33f EEG 2012 auf. Der Anlagenbetreiber hat das Wahlrecht zwischen den nach § 33b beschriebenen Formen der Direktvermarktung und der gesetzlichen Vermarktung nach § 16 EEG 2012. Dies funktioniert allerdings nur, wenn der Anlagenbetreiber dem Netzbetreiber die Prozentsätze mitteilt und diese auch nachweislich einhält. So kann der Anlagenbetreiber seinen erzeugten Strom beispielsweise zu 50% im Sinne des § 33b Nummer 1 direktvermarkten, um die Marktprämie in Anspruch zu nehmen, und zu 50% an einen Grünstromhändler gem. § 33b Nummer 2 zu verkaufen.

5.3.3 Das Marktprämienmodell

Das Marktprämienmodell bietet dem Anlagenbetreiber, der die Direktvermarktung nutzt, einen finanziellen Ausgleich, wenn der Strompreis an der Börse im Durchschnitt unter der gesetzlichen Vergütung liegt. Es soll dem Anlagenbetreiber ein Anreiz gegeben werden, den erzeugten Strom so einzuspeisen wie er am Markt nachgefragt wird, also in Hochlastzeiten zu Hochlastpreisen. Dadurch bekommt der Anlagenbetreiber die Möglichkeit an der Börse zu profitieren und somit seine Gewinne zu maximieren. Des Weiteren bekommt er die Kosten, die durch den Börsengang entstehen durch die Managementprämie ersetzt.[44]

Der Anlagenbetreiber kann von VNB, in dessen Netz die Anlage angeschlossen ist oder in dessen Netz der Strom nach § 8 Absatz 2 weitergegeben wird, eine Marktprämie verlangen, wenn er seine Anlage gem. § 33b Nummer 1 direkt vermarktet. Die Marktprämie wird nur für den entsprechend eingespeisten Strom aus EE und Grubengas abgerechnet. Diese Unterscheidung ist besonders in den Zeiten relevant, in denen der Strompreis an der Börse „niedriger ist, als die Grenzkosten der Stromerzeugung in einer Erneuerbaren-Energien-Anlage, sodass eine Anlagenbetreiberin oder ein Anlagenbetreiber die Anlage drosseln und die eingegangene Lieferverpflichtung durch börslich gehandelten (Grau-) Strom ersetzen könnte"[45]. Auch wenn die Anlage durch das Einspeisemanagement gem. § 11 geregelt worden ist, besteht kein Anspruch auf Zahlung der Marktprämie. Es besteht lediglich ein Erstattungsanspruch auf entgangene Einnahmen (§ 12 EEG 2012). Bis zum zehnten Werktag des jeweiligen Folgemonats ist dem Netzbetreiber die Strommenge zu übermitteln. Verstößt der Anlagenbetreiber

---

[44] Vgl. R2b energy consulting (2010), S. 49-50.
[45] BMU (2011a), S. 141.

gegen die Direktvermarktungspflichten (§ 33c, 33d, 33f) entfällt der Anspruch auf Zahlung.

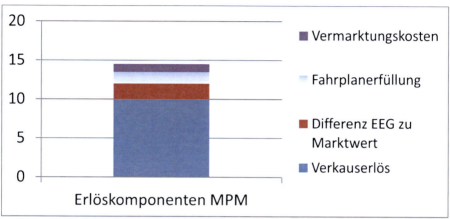

Abbildung 9 Erlöskomponenten Marktprämie

Quelle: eigene Darstellung in Anlehnung an Anlage 4 EEG

Die Berechnung der Marktprämie erfolgt monatlich durch den VNB. Die genaue Berechnung ist in einer separaten Anlage (Anlage 4) festgelegt. Im Vorfeld sind dem Anlagenbetreiber monatliche, zu erwartende Abschläge im angemessenen Umfang zu zahlen. Die Marktprämie wird berechnet anhand der Höhe der gesetzlichen Vergütung nach den §§ 23 bis 33 EEG (unter Berücksichtigung der §§ 17 bis 21).

5.3.3.1 Berechnung der Marktprämie[46]

Die Marktprämie (MP) in Cent pro kWh tatsächlich eingespeisten Strom berechnet sich wie folgt:

$$MP = EEG\text{-Vergütung (EV)} - \text{Referenzmarktwert (RW)} + \text{Managementkosten}$$

wobei EV der gesetzliche Vergütungsanspruch nach § 16 EEG ist und RW der energiespezifische Referenzmarktwert. Ist der Referenzmarktwert größer als der gesetzliche Vergütungsanspruch, dann bekommt der Anlagenbetreiber für diesen Monat keine MP ausgezahlt. Die Managementkosten bekommt er dennoch erstattet.

Der energiespezifische Referenzmarktwert wird je nach Energieträger verschieden berechnet. Dabei lassen sich vier verschiedene Berechnungsarten unterscheiden:

---

[46] Der Abschnitt richtet sich nach Anlage 4 des EEG 2012.

- Strom aus steuerbaren Energieträgern, wie Wasserkraft, Deponiegas, Klärgas, Grubengas, Biomasse und Geothermie nach §§ 23 bis 28 EEG 2012
- Strom aus Windenergie Onshore nach §§ 29 und 30 EEG 2012
- Strom aus Windenergie Offshore nach § 31 EEG 2012 und
- Strom aus solarer Strahlungsenergie nach §§ 32 und 33 EEG 2012.

Der Referenzmarktwert für Strom aus Wasserkraft, Deponiegas, Klärgas, Grubengas, Biomasse und Geothermie wird berechnet durch die Formel:

RWSteuerbar = MWepex – Pm (steuerbare)

MWepex ist der tatsächliche Monatsmittelwert der Stundenkontrakte am Spotmarkt der Strombörse EPEX Spot SE Leipzig in ct./kWh.

Unter Pm versteht man die Kosten der Energieträger für „die Börsenzulassung, für die Handelsanbindung, für die Transaktionen, für die Erfassung der Ist-Werte und die Abrechnung, für die IT-Infrastruktur, das Personal und Dienstleistungen, für die Erstellung der Prognosen und für Abweichungen der tatsächlichen Einspeisung von der Prognose (Managementprämie)"[47]. Pm(steuerbare) beträgt nach § 64f Nummer 3 in den Jahren

- 2012 0,30 ct./ kWh,
- 2013 0,275 ct./ kWh,
- 2014 0,25ct./ kWh,
- ab 2015 0,225 ct./ kWh.

Der Referenzmarktwert für Anlagen, die Wind onshore nutzen, wird durch die Formel:

RWonshore = MW wind onshore – Pm (wind onshore)

berechnet.

MW wind onshore ist der tatsächliche Monatsmittelwert des Marktwerts von Strom aus Wind onshore am Spotmarkt der Strombörse EPEX Spot SE Leipzig in ct./ kWh und wird wie folgt beschrieben berechnet. Der durchschnittliche Wert der Stundenkontrakte am Spotmarkt der Strombörse EPEX Spot SE Leipzig wird für jede Stunde eines Kalendermonats mit der Menge des in dieser Stunde tatsächlich erzeugten Stroms multipli-

---

[47] 1.1 der Anlage 4 EEG 2012.

ziert. Die Ergebnisse für alle Stunden eines Monats zusammen werden addiert. Diese Summe wird nun dividiert durch die Menge des in dem gesamten Kalendermonat erzeugten Stroms aus Wind onshore.[48]

Pm (wind onshore) beträgt für die Jahre

- 2012 1,20 ct./ kWh,
- 2013 1,00 ct./ kWh,
- 2014 0,85 ct./ kWh,
- ab 2015 0,70 ct./ kWh.

Der Referenzmarktwert für Strom aus Wind offshore wird ähnlich berechnet wie Wind onshore. Der einzige Unterschied ist die Höhe des Pm, der beträgt für Wind offshore für die Jahre:

- 2013 1,00 ct./ kWh,
- 2014 ,85 ct. /kWh,
- ab 2015 0,70 ct/ kWh.

Für die Stromgewinnung aus solarer Strahlungsenergie wird der Referenzmarktwert mit folgender Formel berechnet:

$$RWsolar = MWsolar - Pm\ solar.$$

MWsolar ist der tatsächliche Monatsmittelwertdes Marktwerts von Strom aus solarer Strahlungsenergie am Spotmarkt der Strombörse EPEX Spot SE Leipzig in ct./ kWh und wird berechnet: der durchschnittliche Wert der Stundenkontrakte am Spotmarkt der Strombörse EPEX Spot SE Leipzig wird für jede Stunde eines Kalendermonats mit der Menge des in dieser Stunde tatsächlich erzeugten Stroms multipliziert. Die Ergebnisse für alle Stunden eines Monats zusammen werden addiert. Diese Summe wird nun dividiert durch die Menge des in dem gesamten Kalendermonat erzeugten Stroms aus solarer Strahlungsenergie.[49]

Pm solar beträgt vorbehaltlich einer Rechtsverordnung auf Grundlage des § 64f Nummer 3 EEG in den Jahren

---

[48] Vgl. 2.2 der Anlage 4 EEG 2012.
[49] Vgl. 2.4 der Anlage 4 EEG 2012.

- 2012 1,2 ct./ kWh,
- 2013 1,00 ct./ kWh,
- 2014 0,85 ct./ kWh,
- ab 2015 0,70 ct./ kWh.

Voraussetzung für die Marktprämie ist die Veröffentlichung der Berechnung durch die ÜNB (Anlage 4 Punkt 3). Diese müssen „jederzeit unverzüglich auf einer gemeinsamen Internetseite in einheitlichem Format"[50] eine Online-Hochrechnung erstellen, in der auf Basis von gemessenen Referenzanlagen die Menge des tatsächlich erzeugten Stroms aus Windenergie und solarer Strahlungsenergie in der jeweiligen Regelzone in mindestens stündlicher Auflösung hervorgeht. Daneben müssen bis zum zehnten Werktag des Folgemonats folgende Daten in nicht personenbezogener Form veröffentlicht werden:

- den Wert des Stundenkontrakts am Spotmarkt der Strombörse EPEX Spot SE Leipzig für jeden Kalendertag in stündlicher Auflösung und als tatsächlicher Monatsmittelwert (MWepex),
- die Menge des tatsächlich erzeugten Stroms aus Windenergie und solarer Strahlungsenergie in der jeweiligen Regelzone kumuliert in stündlicher Auflösung,
- des tatsächlichen Monatsmittelwert des Marktwerts von Strom aus Windenergie und solarer Strahlungsenergie auf Grundlage der oben genannten Berechnung sowie
- die energieträgerspezifischen Referenzmarktwerte gesondert nach den einzelnen Energieträgern.

Berechnungsbeispiel 1:

Deponiegas-Anlage mit einer Leistung von 1.800 kWp; Inbetriebnahme Zeitpunkt 30.09.2009; erzeugte Menge im Juni 43.200 kWh

Monatsmittelwert (MWepex) für den Monat Juni: 50 €/MWh (vgl. Abb. 10)

Pm = 0,30 ct./kWh

Gesetzliche Vergütung: 6,16 ct./kWh

---

[50] 3.1 der Anlage 4 EEG 2012.

RWSteuerbar = MWepex − Pm (steuerbare)

$\qquad$ = 5 ct. − 0,30 ct.

$\qquad$ = 4,70 ct./kWh

MP = EV − MWepex + Pm

$\qquad$ = 6,16 ct./kWh − 5 ct./kWh + 0,30 ct./kWh

$\qquad$ = 1,46 ct./kWh

Der Anlagenbetreiber würde in diesem Beispiel die Marktprämie in Höhe von 1,46 ct./kWh vom VNB bekommen. Bei 43.200 kWh erzeugter Menge entspricht dies 630,72 € Marktprämie zzgl. hat er etwa 2.186,94 € an der Börse bekommen, wenn er ohne bedarfsgerechte Fahrweise erzeugt. Insgesamt hat er nun 2.817,66 € in diesem Monat verdient. Über die gesetzliche Vergütung wären es 2.661,12 € gewesen.

Das nachfolgende Beispiel zeigt, was ein Anlagenbetreiber an der Börse verdienen kann, wenn er seinen Strom zu Spitzlastzeiten erzeugt und einspeist.

Berechnungsbeispiel 2:
Deponiegas-Anlage mit einer Leistung von 1.800 kWp; Inbetriebnahme Zeitpunkt 30.09.2009; erzeugte Menge im Juni 43.200 kWh

Die Parameter sind identisch mit dem Beispiel 1, sodass der Anlagenbetreiber eine Marktprämie in Höhe von 1,46 ct./kWh bekommt.

Erzeugt der Anlagenbetreiber nur Strom in Zeiten über dem Durchschnittspreis von 50,00€/MWh, aber dafür die doppelten Mengen bekäme er für diesen Monat einen Erlös an der Börse von 2.501,96 €, was einem finanziellen Vorteil von 315,02 € gegenüber der Variante ohne bedarfsgerechte Einspeisung.

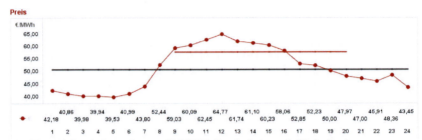

Abbildung 10 Stundenkontrakte vom 20.07.2011; Durchschnittspreis (Phelix Base)

Quelle: Entnommen aus:

http://www.eex.com/de/Marktdaten/Handelsdaten/Strom/Stundenkontrakte%20%7C%20Spotmarkt%20S
tundenauktion/Stundenkontrakte%20Chart%20%7C%20Spotmarkt%20Stundenauktion/spot-hours-
chart/2011-07-20/EU, Stand 24.10.2011.

Ein weiteres Beispiel von Ritter et al mit einem 300 MW-Pool aus Windkraftanlagen und einer Jahresproduktion von 496 GWh ergibt mit der Marktprämie einen Gesamterlös von 50.196 T€. Zieht man hiervon die Gesamtaufwendungen ab, wird ein positives Ergebnis von 184 T€ für den Händler erzielt, was 0,4 ct./kWh entspricht. Da jedoch die Managementprämie ab 2012 stetig abnimmt, ist bereits im Jahr 2013 ein Verlust zu verzeichnen. Bei kleineren Einspeisemengen lohnt sich schon im Jahr 2012 die Vermarktung mit der Marktprämie nicht.[51]

5.3.3.2 Vor- und Nachteile der MP

Die Erlöse für den Anlagenbetreiber setzen sich zusammen aus den Markterlösen, der Marktprämie und der Managementprämie. Die Nutzung der Marktprämie lohnt sich vor allem für Anlagenbetreiber mit einer höheren gesetzlichen Vergütung.[52]

Die Marktprämie bietet dem Anlagenbetreiber die Sicherheit bei geringen Marktpreisen mindestens seine gesetzliche Vergütungshöhe zu bekommen, sowie die Kosten des Börsengangs zu decken. Es werden somit Anreize für den Anlagenbetreiber gesetzt, zu Hochlastzeiten einzuspeisen um höhere Erträge zu erwirtschaften, also auf Marktpreissignale zu reagieren.[53] Dies ist jedoch für Anlagenbetreiber von fluktuierenden Anlagen eher problematisch, da die Erzeugung an Faktoren wie Sonneneinstrahlung oder Wind gekoppelt ist. Selbst bei geringen Preise und starkem Wind würde der Anlagenbetreiber

---

[51] Vgl. Ritter et al (2011), S. 14-15.
[52] Vgl. Sensfuß (2012), S. 20.
[53] Vgl. Sensfuß (2012), S. 19.

seine Anlage nicht regeln, sondern die Vergütung mitnehmen. Gelingt es ihm den Großteil seines Stroms über dem durchschnittlichen Monatspreis zu verkaufen, fährt er zusätzliche Gewinne ein, da auf dieser Grundlage die Marktprämie berechnet wird.[54]

Die Marktprämie bietet somit einen Anreiz zur bedarfsgerechten Erzeugung von Strom und vermindert das Risiko negativer Preise, da der Anlagenbetreiber den Strom auf Grund von hoher Nachfrage erzeugt und sich somit an den Marktpreisen orientiert. Dies passiert allerdings nur, wenn die zu erzielenden Zusatzerlöse eine entsprechende Höhe erreichen.[55]

Auf der anderen Seite versucht der Anlagenbetreiber seine Prognose zu optimieren, Kosten einzusparen durch eine optimierte Fahrplanerfüllung und so die Kosten unterhalb der Managementprämie zu halten. Damit kann der Anlagenbetreiber zusätzliche Gewinne einfahren. Durch ein aktives Lastmanagement, was auf Grund der mengenorientierten Vergütung des EEGs nicht angewandt wird, ist nun die Möglichkeit gegeben, Prognosefehler kostengünstig auszuregeln.[56]

Vor allem attraktiv ist der Gedanke EEG-Anlagen zu poolen, also zusammenzufassen und so große Handelsvolumina einzufahren. Je mehr Anlagen desto günstiger sind die entstehenden Kosten und desto mehr Erlöse lassen sich dadurch einbringen.[57]

Die Wartung von Anlagen wird nun in Niedrigpreiszeiten verlagert, was für den Anlagenbetreiber kostengünstiger ist und für den Strommarkt zu geringeren Mengen führt.[58]

Die Orientierung auf die Marktpreise lässt den Anlagenbetreiber negative Preise vermeiden, was indirekt einen positiven Effekt auf die Netzintegration hat.[59]

Insgesamt wird das Stromversorgungssystem effizienter.[60]

Es sind jedoch mit Zusatzinvestitionen, wie die Umrüstung auf Lastgangzähler, technische Einrichtung nach § 6 EEG und eventuelle Speicherzubauten, zu rechnen. Somit lohnt sich für kleine Anlagen unter 100 kW, die keine Pflicht zum Einbau eines Last-

---

[54] Vgl. bdew (2010b), S. 1-2.
[55] Vgl. bdew (2010a), S. 14.
[56] Vgl. bdew (2010a), S. 16-18.
[57] Vgl. bdew (2010a), S. 18-19.
[58] Vgl. bdew (2010a), S. 15.
[59] Vgl. bdew (2010a), S. 19.
[60] Vgl. Sensfuß (2012), S. 19.

gangzählers der Wechsel nicht, da die zusätzlichen Kosten für diesen Zähler höher sind als der mögliche zusätzliche Gewinn. Ein weiteres Risiko für die Anlagenbetreiber ist, dass die tatsächlichen Kosten der Vermarktung, der Prognose und der Fahrplanerfüllung höher sind als die gezahlte Prämie. Die Anlagen sind nicht, oder nur mit Mehraufwand für den flexiblen Betrieb ausgelegt, sodass eine schnelle Anpassung auf den Markt schwierig ist.[61] Da die Managementprämie ab 2012 stetig sinkt, wird ein Händler versuchen dies durch den Ankauf von mehr Mengen zu kompensieren, da er so den Skaleneffekt nutzen kann.[62]

Ebenso fallen durch die Marktprämie zusätzliche Kosten für den Endverbraucher an, was die EEG-Umlage steigen lässt. Nach Sensfuß liegen die zusätzlichen Mehrkosten unter 200 Mio. € pro Jahr.[63] Auch für den Netzbetreiber, in dessen Netz sich die Anlage befindet entsteht ein Mehraufwand, da die Marktprämie monatlich individuell berechnet werden muss und der Wechsel ebenso monatlich stattfinden kann.[64]

Volkswirtschaftlich wichtig ist jedoch, dass die im EEG definierten Parameter regelmäßig überprüft werden, um die Gesamtkosten minimal zu halten und so die Belastung der Letztverbraucher zu reduzieren.[65]

Aus Sicht der Stromhändler ist das Marktprämienmodell als lukrativ anzusehen, vor allem in der Kombination mit dem Grünstromprivileg.[66]

Um den Wechsel in die Direktvermarktung zu beschleunigen, ist vom FraunhoferISI und dem bdew vorgeschlagen einen Einführungsbonus über einen Zeitraum von vier Jahren zu zahlen, wenn in die Direktvermarktung gewechselt wird.[67] Ob dies jedoch umgesetzt wird, ist fraglich.

---

[61] Vgl. Neetzel (2011), S. 19.
[62] Vgl. Leipziger Institut für Energie (2011), S. 4.
[63] Vgl. Sensfuß (2012), S. 19.
[64] Vgl. R2b energy consulting (2010), S. 68-69.
[65] Vgl. http://www.bee-ev.de/_downloads/publikationen/sonstiges/2011/110321_BEE_Position_Direktvermarktung_Systemintegration.pdf, S. 10, Stand 10.01.2012.
[66] Vgl. Leipziger Institut für Energie (2011), S. 4.
[67] Vgl. bdew (2011a), S. 7.

5.3.4 Flexibilitätsprämie

Bereits die Marktprämie soll einen Anreiz zur bedarfsgerechten, flexiblen Einspeisung von EEG-Strom geben. Um das Flexibilisierungspotenzial von Biogasanlagen weiter zu steigen, ist neben der Marktprämie die Flexibilitätsprämie in das EEG 2012 aufgenommen worden.

Anlagenbetreiber von Anlagen zur Erzeugung von Strom aus Biogas können neben der Marktprämie eine Flexibilitätsprämie vom VNB bekommen. Das ist eine Prämie für die Bereitstellung zusätzlicher installierter Leistung und somit für eine bedarfsorientierte Stromerzeugung. Die FP wird gezahlt, wenn folgende Voraussetzungen erfüllt worden sind. Es muss sich dabei um eine Anlage handeln, die den Strom gem. § 33b Nummer 1 oder 3 direkt vermarktet, also auch die Marktprämie in Anspruch genommen wird. Die Direktvermarktung muss zu 100% erfolgen, eine anteilige Direktvermarktung ist für den Erhalt der Prämienzahlung nicht zulässig. Ebenso muss sich die Anlage über die volle Laufzeit von zehn Jahren in der Direktvermarktung befinden. Als weitere Anspruchsvoraussetzung wird in Nummer 2 des Paragrafen geregelt, „ wenn die Bemessungsleistung der Anlage im Sinne Nummer 1 der Anlage 5 zu diesem Gesetz mindestens das 0,2 fache der installierten Leistung der Anlage beträgt"[68]. Somit wird eine Mindestauslastung der Anlage gewährleistet, „um eine Förderung nicht genutzter Kapazität auszuschließen"[69]. Die Anlage (Standort und die installierte Leistung, sowie die Inanspruchnahme der Flexibilitätsprämie) muss der Bundesnetzagentur oder einem Dritten gem. § 33i Abs. 1 Nr. 3b gemeldet werden. Es ist durch einen Umweltgutachter zu bescheinigen, dass die Anlage entsprechend technisch geeignet ist. Dies ist dann der Fall, wenn ein flexibler Betrieb durch Installation zusätzlicher Leistungskapazität grundsätzlich technisch möglich ist.

5.3.4.1 Berechnung der Flexibilitätsprämie

Die Höhe der Prämie wird kalenderjährlich berechnet (Anlage 5). Durch den VNB sind monatliche Abschläge zu entrichten. Die Flexibilitätsprämie ist für eine Dauer von zehn Jahren zu zahlen.

---

[68] § 33 i Abs. 1 Nr. 2 EEG 2012.
[69] BMU (2011a), S. 142.

Die Berechnung der Flexibilitätsprämie erfolgt auf Grundlage der Anlage 5 des EEG 2012. Die Flexibilitätsprämie (FP) in ct./ kWh direkt vermarkteter und tatsächlich eingespeister Strom wird durch folgende Formel dargestellt:

$$FP = Pzusatz * KK * 100/ Pbem * 8760 \text{ h/a}$$

Wobei KK die Kapazitätskomponente für die Bereitstellung der zusätzlich installierten Leistung in Euro und Kilowatt ist. Diese beträgt vorbehaltlich einer Rechtsverordnung nach § 64 f Nummer 4 EEG 2012 Buchstabe b 130,00 Euro pro kW.

Unter Pbem versteht man die Bemessungsleistung nach § 3 Nummer 2a in kW. Im „ersten und im zehnten Kalenderjahr der Inanspruchnahme der Flexibilitätsprämie ist die Bemessungsleistung nach § 3 Nummer 2a mit der Maßgabe zu berechnen, dass nur die in den Kalendermonaten der Inanspruchnahme der Flexibilitätsprämie erzeugten Kilowattstunden und nur die vollen Zeitstunden dieser Kalendermonate zu berücksichtigen sind; dies gilt nur für die Zwecke der Berechnung der Höhe der Flexibilitätsprämie"[70].

Pzusatz wird auf Grundlage des § 64 f Nummer 4 Buchstabe a durch die Formel:

$$Pzusatz = Pinst - (fkor * Pbem)$$

berechnet. Pinst ist die installierte Leistung der Anlage gem. § 3 Nummer 6 EEG in kW und fkor ist der Korrekturfaktor für die Auslastung der Anlage und beträgt gem. § 64 f Nummer 4 Buchstabe a bei Biomethan 1,6 und bei Biogas, das kein Biomethan ist, 1,1.

Pzusatz beträgt folgende abweichende Werte[71]:

- Null, wenn die Bemessungsleistung die 0,2 fache installierte Leistung unterschreitet
- Mit dem 0,5-fachen Wert der installierten Leistung Pinst, wenn die Berechnung ergibt, dass er größer als der 0,5-fache Wert der installierten Leistung ist.

Für die zusätzliche Leistung einer Anlage benennt Holzhammer drei Möglichkeiten. Entweder kann ein BHKW mit einer höheren Nennleistung installiert werden. Dies hat den Vorteil von geringen Investitions- und Materialkosten, weißt jedoch eine geringere

---

[70] Punkt 1 der Anlage 5 EEG 2012.
[71] Punkt 2.2 der Anlage 5 EEG 2012.

Verfügbarkeit und Flexibilität bei der Wärmeversorgung auf. Eine weitere Möglichkeit ist die Installation von Mikrogasturbinen mit einer höheren Nennleistung. Dafür spricht ein effizientes Teillastverhalten und geringer Wartungsaufwand, dafür sind die Kosten der Investition hoch. Oder man installiert zwei BHKWs. Dies bietet dem Anlagenbetreiber eine hohe Verfügbarkeit und Flexibilität, die Kosten sind jedoch hoch.[72]

Eine Studie im Auftrag des BMU hat ergeben, dass es für die Flexibilisierung einer Biogasanlage um 12 Stunden bei gleichbleibendem Fermenter zu zusätzlichen Investitionen in Stundenspeicher, Wärmespeicher und Überdimensionierung des Generators führt. Ein Beispiel aus der Studie zeigt, dass bei Anlage mit einer installierten Leistung von 600 kW und einer Bemessungsleistung von 500 kW zu Investitionen in die Anlage von 2,2 Mio. Euro sowie 680.000 Euro in die Flexibilisierung führt.[73]

Da der Mehrerlös am Markt die zusätzlichen Investitionen, wie die Abbildung unten zeigt nicht decken kann, ist dafür die Flexibilitätsprämie im EEG verankert worden.

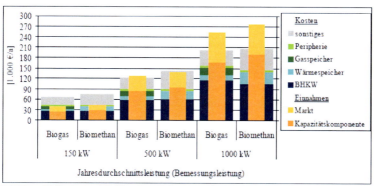

Abbildung 11 Kosten und Erlöse einer Anlagenerweiterung

Quelle: Entnommen aus:
http://www.iwes.fraunhofer.de/de/publikationen0/uebersicht/publikationen_veroeffentlichungengesamt/2011/flexible_stromproduktionausbiogasundbiomethan/_jcr_content/pressrelease/linklistPar/download/file.res/Flexible%20Stromproduktion%20aus%20Biogas%20und%20Biomethan.pdf, S. 14, Stand 24.10.2011.

---

[72] Vgl. http://www.iwes.fraunhofer.de/content/dam/iwes/de/documents/Holzhammer_Uwe_Marktpr%C3%A4mie%20und%20Flexibilit%C3%A4tspr%C3%A4mie.pdf, S. 52, Stand 10.01.2012.
[73] Vgl. http://www.iwes.fraunhofer.de/de/publikationen0/uebersicht/publikationen_veroeffentlichungengesamt/2011/flexible_stromproduktionausbiogasundbiomethan/_jcr_content/pressrelease/linklistPar/download/file.res/Flexible%20Stromproduktion%20aus%20Biogas%20und%20Biomethan.pdf, Stand 24.10.2011.

Die unten angefügten Beispiele zeigen die Fahrweise von Biogasanlagen einmal wie es bisher durch das EEG gefördert ist und wie eine flexible Anlage aussehen kann.

Beispiel Biogasanlage: bisherige Auslegung nach EEG Festvergütung

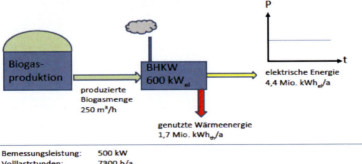

Abbildung 12 exemplarische Darstellung einer Biogasanlage nach heutiger Auslegung

Quelle: Entnommen aus:

http://www.iwes.fraunhofer.de/de/publikationen0/uebersicht/publikationen_veroeffentlichungengesamt/2011/flexible_stromproduktionausbiogasundbiomethan/_jcr_content/pressrelease/linklistPar/download/file.res/Flexible%20Stromproduktion%20aus%20Biogas%20und%20Biomethan.pdf, S. 5, Stand 24.10.2011.

Beispiel Biogasanlage: Auslegung einschließlich Kapazitätskomponente

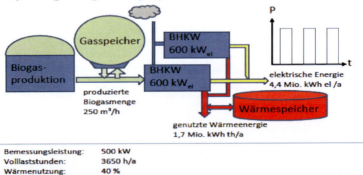

Abbildung 13 Exemplarische Darstellung einer Biogasanlage nach Auslegung mit der Kapazitätskomponente

Quelle: Entnommen aus:

http://www.iwes.fraunhofer.de/de/publikationen0/uebersicht/publikationen_veroeffentlichungengesamt/2011/flexible_stromproduktionausbiogasundbiomethan/_jcr_content/pressrelease/linklistPar/download/file.res/Flexible%20Stromproduktion%20aus%20Biogas%20und%20Biomethan.pdf, S. 5, Stand 24.10.2011.

Die Berechnung der Flexibilitätsprämie am Beispiel der Anlage einschließlich Kapazitätskomponente sieht folgendermaßen aus:

Da die Bemessungsleistung von 500 kW nicht das 0,2fache der installierten Leistung unterschreitet, folgt: Pzusatz ≠ 0.

Pzusatz = Pinst - (f kor * Pbem)

Pzusatz = 1200 kW – (1,1 * 500 kW)

Pzusatz = 650 kW, dies überschreitet das 0,5fache der installierten Leistung, daher wird nur das 0,5fache der installierten Leistung zur Rechnung hinzugezogen, also:

Pzusatz = 600 kW

$$FP = \frac{600 \text{ kW} * 130\frac{\text{€}}{\text{kW}} * 100}{500 \text{ kW} * 8760 \text{h/a}} = 1,78 \text{ ct/ kWh}$$

In einem Beispiel von Ritter et al werden zwei Biogasanlagen gegenübergestellt. Dabei handelt es sich um eine flexibilisierte Anlage, die sich in der Direktvermarktung befindet und eine nicht flexibilisierte Anlage, die den Strom gesetzlich vergütet bekommt. Bei der gesetzlichen Vergütung liegen die Einnahmen bei 520 T€, bei der Direktvermarktung bei 524 T€. Somit besteht für den Anlagenbetreiber ein geringer Anreiz in die Direktvermarktung, trotz Flexibilitätsprämie, zu wechseln, da die Risiken und der Mehraufwand sich aus betriebswirtschaftlicher Sicht nicht lohnen.

5.3.4.2 Vor- und Nachteile der Flexibilitätsprämie

Der Anlagenbetreiber hat durch die Flexibilisierung seiner Anlage einige Vorteile. Die Abschaltung der Anlage kann vermieden bzw. besser in den Betriebsablauf integriert werden. Er hat die Möglichkeit bessere Preise an der Börse zu erzielen und so seine Rendite steigern. Ebenso kann er durch die Bereitstellung von Regelenergie mehr Erlöse erzielen. Die verwendeten Substrate können besser ausgenutzt werden und er hat die Möglichkeit besser aus Preisschwankungen derer einzugehen.[74]

Um die Flexibilitätsprämie zu bekommen, fallen für den Anlagenbetreiber erstmals zusätzliche Kosten für einen weiteren Generator oder durch einen Speicher an. Nach Meinung des Fachverbandes Biogas ist „der finanzielle Anreiz aus der Flexibilitäts-

---

[74] Vgl. http://www.iwes.fraunhofer.de/content/dam/iwes/de/documents/Holzhammer_Uwe_Marktpr%C3%A4mie%20und%20Flexibilit%C3%A4tspr%C3%A4mie.pdf, S. 59, Stand 10.01.2012.

prämie zu gering, als dass es zu einer merklichen Änderung kommen wird"[75]. Daher planen die ÜNB, dass maximal 2% der installierten Leistung von Biogasanlagen die Flexibilitätsprämie in Anspruch nehmen.[76]

Es gibt jedoch auch eine Reihe von Risiken. Neben der geringeren technischen Verfügbarkeit der Anlage, fehlt die Erfahrung in der Führung solcher Anlagen. Der Preisunterschied an der Börse kann geringer sein als erwartet. Ebenso fällt es dem Anlagenbetreiber durch die Komplexität der Anlage schwerer entsprechende Kreditanträge bei der Bank zu stellen bzw. das Risiko zu bewerten.[77]

5.4 Das Grünstromprivileg

Neben der Direktvermarktung und der gesetzlichen Vergütung hat der Anlagenbetreiber die Möglichkeit seinen Strom an einen Grünstromhändler zu verkaufen, damit dieser das Grünstromprivileg nutzen kann. Im EEG 2009 waren EVU, die mehr als 50% des Letztverbraucherabsatzes aus Erneuerbaren Energien bezogen hatten von der Zahlung der EEG-Umlage befreit.[78] Da somit die Zahlung der EEG-Umlage auf immer weniger Letztverbraucher aufgeteilt worden ist, ist bereits vor der EEG-Novelle 2012 das Grünstromprivileg geändert worden. Im Laufe des Jahres 2011 ist ein Gesetz erlassen worden, das die Umlagenbefreiung auf 2,0 ct./kWh ab dem 01.Juli 2011 begrenzt. Das bedeutet, dass Grünstromlieferanten statt beispielhaft 3,530 ct./kWh im Jahr 2011 eine EEG-Umlage in Höhe von 1,53 ct./kWh zahlen. Mit § 39 EEG 2012 ist diese Regelung weiter verschärft worden. In acht von zwölf Monaten, sowie im Durchschnitt des Kalenderjahres müssen EVU mindestens 50% des Stroms aus EEG-förderfähigen Anlagen beziehen und mindestens 20% des Stroms muss aus fluktuierenden Quellen stammen, wie Windenergie oder Solarstrom. Bei der Berechnung darf nur Strom „bis zu der Höhe des aggregierten Bedarfs der gesamten belieferten Letztverbraucherinnen und Letztverbraucher, bezogen auf jedes 15-Minuten-Intervall, berücksichtigt werden"[79], wenn EVU dies an ihren ÜNB bis zum 30. September des vorangegangenen Kalenderjahres mitgeteilt und nachgewiesen haben.

---

[75] Leipziger Institut für Energie (2011), S. 43.
[76] Vgl. Leipziger Institut für Energie (2011), S. 43.
[77] Vgl. http://www.iwes.fraunhofer.de/content/dam/iwes/de/documents/Holzhammer_Uwe_Marktpr%C3%A4mie%20und%20Flexibilit%C3%A4tspr%C3%A4mie.pdf, S. 59, Stand 10.01.2012.
[78] Vgl. § 37 EEG 2009.
[79] § 39 Abs. 1 Nr. 1 EEG 2012.

Der erforderliche Schwellenwert von mindestens 50% Strom aus EEG-vergütungsfähigen Anlagen, kann nur erreicht werden, wenn diese Anlagen eine Vergütung nach § 16 EEG bekommen würden. Entfällt die Vergütung auf Grund einer zu hohen installierten Leistung oder da die Anlage aus der Vergütungspflicht gefallen ist, so wird dieser Stromanteil nicht als Grünstrom in diesem Sinne bezeichnet. Ebenso müssen 50% aller Endkunden des EVU mit Grünstrom beliefert werden. Es genügt nicht einzelne Kunden mit Öko-Stromprodukten zu beliefern.

Der Schwellenwert von 50% ist jedoch nicht jederzeit einzuhalten, sondern für den aktuellen Lieferzeitraum muss die 50%-Quote erreicht werden. Der erreichte Schwellenwert kann nachgewiesen werden, indem die gesamt abgegebene Strommenge an einen Letztverbraucher, sowie die Energiebeschaffungsstruktur, also die Energiebezüge, die Energiebezüge aus EEG-Anlagen etc. angegeben werden. Die Nachweiserbringung genügt jährlich.[80]

Für Anlagenbetreiber unterscheidet sich das Grünstromprivileg nicht von der Direktvermarktung nach § 17 EEG. Für den erzeugten Strom erhält der Anlagenbetreiber keine gesetzliche Vergütung vom VNB, sondern ein vereinbartes Entgelt vom Grünstromhändler. Dabei sind die Kriterien des § 17 EEG vom Anlagenbetreiber einzuhalten. Der erzeugte Strom wird dabei nicht in den EEG-Bilanzkreis eingebucht, da keine EEG-Vergütung in Anspruch genommen werden kann.

Der Anlagenbetreiber, der den Grünstrom an das EVU verkauft, ist verpflichtet in die Direktvermarktung nach § 33 b Nr. 2 EEG 2012 zu wechseln und dies seinem VNB mitzuteilen. Die Erlöse für den Anlagenbetreiber setzen sich schlussendlich zusammen aus den Markterlösen, dem Grünstromwert und der Umlagenbefreiung, die etwa 40€/MWh entsprechen.[81] Vermiedene Netznutzung kann der Anlagenbetreiber nicht mehr geltend machen. Die Vermarktungsmöglichkeit über das Grünstromprivileg lohnt sich daher für Anlagen mit einer geringen gesetzlichen Vergütung.

Auf Grund geschätzter Marktpreise hat das Leipziger Institut für Energie GmbH ermittelt, dass sich der Wechsel in die Direktvermarktung nach § 39 EEG nur dann lohnt, wenn die gesetzliche Vergütung unterhalb einer Grenze zwischen 6,25 ct./kWh bis 7,71 ct./kWh liegt, dies ist bei einem kleinen Teil der Biomasseanlagen und Onshore-Wind-

---

[80] Vgl. Altrock (2011), S. 673 Rn 33-34.
[81] Vgl. http://media.repro-mayr.de/78/531278.pdf, S. 5, Stand 05.01.2012.

anlagen der Fall. Außerdem kann es monatsweise für Wasserkraftanlagen, sowie Klär-, Deponie,- und Grubengasanlagen lukrativ sein.[82]

5.5 EEG-Ausgleichsmechanismus

Der EEG-Ausgleichmechanismus beschreibt die Aufnahme, Übertragung und Vergütung des EEG-Stroms in Deutschland zwischen dem Anlagenbetreiber und den Netzbetreibern. Wie aus der Abbildung ersichtlich, findet in folgender Weise der EEG-Ausgleichsmechanismus seit dem 01. Januar 2010 statt.

Den Beginn des Ausgleichsmechanismus bezeichnet man als EEG-Aufnahmeprozess. Dieser lässt sich unterteilen in Aufnahme des erzeugten EEG-Stroms durch den VNB bei gleichzeitiger Vergütung an den Anlagenbetreiber (§§ 8, 16 EEG), sowie die Weitergabe des Stroms an den ÜNB gegen Zahlung der Vergütung (§§ 34,35 EEG).

Zwischen den ÜNB erfolgt ein physikalischer und finanzieller Ausgleich, damit jeder ÜNB die gleiche Menge an EEG-Strom aufgenommen und vergütet hat.

Der ÜNB vermarktet schließlich den EEG-Strom an der Strombörse. Dabei hat er die Vorschriften der §§ 1, 2 und 8 AusglMechV einzuhalten. Der „von den ÜNB für den Folgetag prognostizierte aufzunehmende EEG-Strom" wird „ unter Berücksichtigung des physikalischen Horizontalausgleichs am Day-Ahead-Markt der Strombörse zu preisunabhängigen Geboten vermarktet"[83]. Bei negativen Preisen kann im Rahmen einer zweiten Auktion der EEG-Strom über preisunabhängige Gebote verkauft werden. Die Strommengen, die nicht wie oben beschrieben verkauft werden konnten, müssen im Intraday-Markt vermarktet oder ausgeglichen werden.[84]

Um die Erneuerbaren Energien weiter in den Markt zu integrieren, hat die Bundesnetzagentur die EEG-Drittvermarktung vorgeschlagen. Hierbei sollte der ÜNB nicht mehr den EEG-Strom am Markt verkaufen, sondern ein Dritter. Dieser Vorschlag wird derzeit auf seine Potenziale geprüft, ob dadurch die EEG-Umlage reduziert werden kann und welche Auswirkungen dies auf die Direktvermarktung hätte.[85]

---

[82] Vgl. Leipziger Institut für Energie (2011), S. 6-7.
[83] bdew (2011c), S. 104.
[84] Vgl. bdew (2011c), S. 104.
[85] Vgl. bdew (2011d), S.2.

Die Differenz aus den erzielten Erlösen an der Strombörse und den gezahlten Aufwendungen (Vergütung, Zinsen, Vermarktung und Bilanzkreisabweichungen) werden durch die EEG-Umlage, wie nachfolgend beschrieben, auf den Letztverbraucher umgelegt.

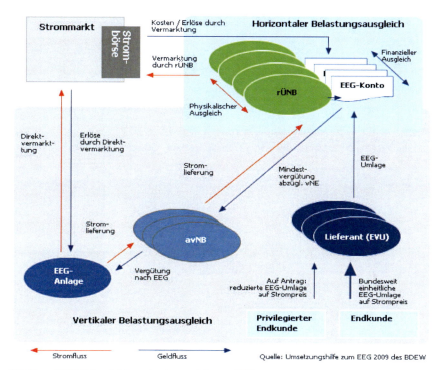

Abbildung 14 EEG-Ausgleichsmechanismus ab Januar 2010

Quelle: Entnommen aus: bdew (2011), Umsetzungshilfe zum EEG 2009, S. 97.

Die Kosten des EEG, die nicht über die Vermarktungserlöse gedeckt werden können, werden dem Letztverbraucher im Rahmen der EEG-Umlage in Rechnung gestellt. Die Höhe der Umlage wird jährlich auf Basis der AusglMechV durch den ÜNB berechnet. Alle EVU, die Strom an einen Letztverbraucher liefern sind verpflichtet die EEG-Umlage an den ÜNB zu verrechnen. Eine Ausnahme dabei sind die sogenannten privilegierten Letztverbraucher. Diese können auf Antrag eine verringerte EEG-Umlage bezahlen, wenn sie einen entsprechenden Nachweis erbringen. Ebenso zahlen Lieferanten, die das Grünstromprivileg haben, eine verringerte Umlage.[86]

5.6 Zwischenfazit

Die Möglichkeit der gesetzlichen Vergütung kann jeder Anlagenbetreiber von EEG-Anlagen in Anspruch nehmen, genauso wie die Nutzung der Marktprämie.

Vergleicht man die einzelnen Energieträger und deren Möglichkeit der Vermarktung kann man folgendes festhalten. Wasserkraftanlagen nutzen bereits im Jahr 2011 zu 42% das Grünstromprivileg. Dies wird auch weiterhin so erfolgen, allerdings nur in dem für den Händler notwendigen Maße, der Rest wird über das Marktprämienmodell verkauft.[87] Anlagenbetreiber von Deponie-, Klär- und Grubengasanlagen werden bis zum Jahr 2014 zu 90% ihre Anlagen direktvermarkten. Auf Grund der geringen gesetzlichen Vergütung wird prognostiziert, dass der meiste Teil das Grünstromprivileg in Anspruch nimmt und der Rest in die Vermarktung mit Marktprämie geht.[88] Für Biomasse-Anlagen ist die Nutzung des Grünstromprivilegs eher unattraktiv. Die Nutzung der Marktprämie ist tendenziell möglich, nach dem Fachverband Biogas jedoch nur für große Biogasanlagen auf Grund des zusätzlichen Zeitaufwands attraktiv. So wird geplant, dass bis zum Jahr 2016 35% der Biogasanlagen die Marktprämie beantragen. Der Großteil verbleibt jedoch in der gesetzlichen Vergütung nach EEG.[89] Bei Windenergie werden bis zum Jahr 2016 etwa 50% in die Direktvermarktung wechseln. Da ein Mindestanteil an Windenergie für die Erlangung des Grünstromprivilegs benötigt wird, wird dieser Teil dafür in Anspruch genommen, der restliche Anteil wird über das Marktprämienmodell abgebildet. Da Offshore-Energieanlagen eine höhere gesetzliche Vergütung aufweisen, werden diese Anlagen für das Grünstromprivileg eher unattraktiv für den Anlagenbetreiber.[90] Schlussendlich wird die Direktvermarktung von Photovoltaikanlagen nicht lohnenswert sein, da die gesetzliche Vergütung hier am höchsten ist.[91]

Gerade für Anlagenbetreiber mit einer hohen gesetzlichen Vergütung, wie bei Photovoltaikanlagen, lohnt sich der Wechsel in die Direktvermarktung nicht, da dies mit

---

[86] Vgl. § 19 EEG 2012.
[87] Vgl. Leipziger Institut für Energie (2011), S. 17.
[88] Vgl. Leipziger Institut für Energie (2011), S. 31-32.
[89] Vgl. Leipziger Institut für Energie (2011), S. 42-44.
[90] Vgl. Leipziger Institut für Energie (2011), S. 7, 67-77.
[91] Vgl. Leipziger Institut für Energie (2011), S. 88.

zusätzlichen Kosten verbunden ist. Anlagenbetreiber, die eine geringe gesetzliche Vergütung bekommen, sollten die Möglichkeit der Vermarktung mit Nutzung des Grünstromprivilegs in Anspruch nehmen, da hier der Lieferant, der den Strom kauft auf Grund der reduzierten EEG-Umlage bereit ist mehr für den Strom zu bezahlen, als der Anlagenbetreiber an der Börse bekommen kann. Gerade für fluktuierende Anlagen, wie Windkraft, kann sich dies ebenso lohnen, da die Kosten der Vermarktung an der Börse mit hohen Kosten verbunden sein kann, da die Prognose schwierig und die Kosten für die Fahrplanerfüllung hoch sein können. Für Anlagenbetreiber mit gut planbaren Anlagen, wie Wasserkraft oder Biomasse ist die Möglichkeit die Marktprämie bzw. zusätzlich die Flexibilitätsprämie nutzen zu können von Vorteil. Bei diesen Anlagen sind die Vermarktungskosten eher gering. Hinzu kommt, dass die Anlagenbetreiber auf Grund der Marktprämie selbst zu Zeiten geringer Preise weich fallen, da die gesetzliche Vergütung garantiert ist.

Die Abbildung 15 zeigt die Entwicklung der Marktprämie für die Jahre 2012 bis 2016. Diese wird bis zum Jahr 2016 auf 4,66 Mrd. € steigen, wobei die Windkraft, sowie die Biomasse den Großteil ausmachen werden. Auch die Photovoltaik wird diesen Berechnungen zufolge die Marktprämie in Anspruch nehmen.

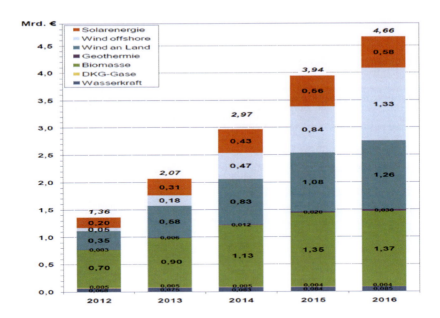

Abbildung 15 Entwicklung der Leistung der EEG-Anlagen nach Energieträgern bis 2016 im Trend-Szenario

Quelle: Institut für Energie (2011), S. 102.

Die Möglichkeit der Prämien wird die Zahl der Anlagen, die in die Direktvermarktung wechseln ansteigen lassen, da Anlagenbetreiber, die zuvor das Risiko der Börse gescheut haben, nun durch die MP abgesichert werden.

Vor allem in Zukunft lukrativ ist die Vermarktung von gepoolten Anlagen, da hier auf Grund der hohen Anzahl der Anlagen Kosten für die Vermarktung gespart werden können.

In den nächsten Jahren wird die Zahl der Anlagen, die die Marktprämie in Anspruch nehmen steigen, da erste Erfahrungen in der Vermarktung gesammelt wurden und die Händler die sinkenden Zahlung durch die Managementprämie durch eine größere Anzahl an Anlagen ausgleichen.[92] Ritter et al empfiehlt die Marktprämie in Zukunft weiterzuentwickeln, indem das Clearingrisiko für kleine und mittlere Poolhändler abgedeckt wird und eine gestaffelte Managementprämie nach Poolgröße eingeführt wird.[93]

---

[92] Vgl. Leipziger Institut für Energie (2011), S. 9.
[93] Vgl. Ritter et al (2011), S. 18.

Im Hinblick auf die Ziele der Marktprämie ist festzuhalten, dass durch die MP „keine umfangreiche gezielte netzentlastende Wirkung"[94] erreicht werden kann, da nur zu Zeiten negativer Preise durch die Abschaltung von Anlagen eine Entlastung stattfindet. Das Ziel der Marktintegration wird dadurch gefördert, dass die Anlagen nun für Ihre Vermarktung verantwortlich sind und so eine genauer Fahrplanerfüllung anstreben. „Dadurch können sich am Markt neue Organisationsstrukturen und Geschäftsmodelle bilden, was sich positiv auf den Bedarf an Regelleistung und –energie und somit auf die Gesamtkosten des Systems auswirken kann."[95]

6 Auswirkungen der EE auf den Strommarkt

Da die EEG-Anlagen eine Vorrangregelung durch das EEG erhalten, wirken sich diese auf den Strommarkt aus. Auf Grund der fluktuierenden Energieträger schwankt die Wirkung der Einspeisung auf den Strommarkt von Stunde zu Stunde.

Kraftwerksbetreiber wollen ihre Gewinne maximieren. Dies erreichen sie mit Vollauslastung der Kraftwerke. So werden freie, nicht über Lieferverträge gebundene Kapazitäten, am Spotmarkt der Börse angeboten, wenn die Grenzkosten der Erzeugung, also die Brennstoffkosten, geringer sind als der erwartete Verkaufspreis. Je nach Kraftwerkstyp unterscheiden sich die Grenzkosten. EEG-Anlagen haben die Besonderheit keine Grenzkosten zu haben, da die Bereitstellung der Energie durch z.B. Wasser-, Wind- und Sonnenenergie kostenfrei zur Verfügung steht.[96]

Der Anlagenbetreiber hat nun die Möglichkeit den Strom selber an der Börse, oder an den VNB zu verkaufen. Der EEG-Strom wird schließlich in Form „eines gleichmäßigen Monats-Grundlastbandes an die Stromhändler"[97] weiter gegeben. Durch die Fluktuierung des Stroms, muss der ÜNB eine mögliche Abweichung der vorher festgelegten Bandlieferung ausgleichen, indem er Mindermengen zukauft oder kurzfristig am Spotmarkt verkauft. Da der EEG-Strom auf jeden Fall verkauft werden muss und kaum

---

[94] R2b energy consulting (2010), S. 2.
[95] R2b energy consulting (2010), S. 2.
[96] Vgl. http://www.bmu.de/files/pdfs/allgemein/application/pdf/eeg_kosten_nutzen_lang.pdf, ab S. 32, Stand 24.10.2011.
[97] http://www.bmu.de/files/pdfs/allgemein/application/pdf/eeg_kosten_nutzen_lang.pdf, S. 33, Stand 24.10.2011.

Speicherreserven bestehen, erfolgt der Verkauf zu einem günstigen Angebot, also unter den Kosten des Kraftwerks mit den geringsten Grenzkosten.[98]

6.1 Merit-Order

Die Börse sammelt alle Angebote und erstellt eine Reihenfolge, vom günstigsten bis zum teuersten Angebot. Beginnend mit dem niedrigsten Stromangebot werden die Nachfrager entsprechend bedient, solange bis die gesamte Nachfrage gedeckt ist. Unter Merit-Order versteht man daher die Einsatzreihenfolge der Kraftwerkstypen auf Grund ihrer unterschiedlichen Grenzkosten. Das teuerste, noch berücksichtigte Angebot bestimmt den Preis für alle. Da auf Grund des EEG eine Abnahmepflicht des VNB für den EEG-Strom besteht, wird dieser priorisiert zur Nachfragedeckung genutzt. Somit werden durch die EE teurere Kraftwerke aus dem Markt verdrängt und der Strompreis sinkt für diesen Tag, bei unveränderter Angebotskurve. Findet dies regelmäßig am Markt statt, führt es zu einem niedrigeren Strompreis durch die Einspeisung der Erneuerbaren Energien, so genannter Merit-Order-Effekt.[99]

Im folgenden Teil der Arbeit wird auf Basis des Merit-Order-Effekts untersucht, wie groß die Auswirkungen der EE auf den Strompreis sind.[100]

Die nachfolgende Abbildung stellt die Merit-Order-Kurve, also die Angebotskurve, als eine Gerade dar. Eine positive Steigung führt zu einer geringeren Nachfragen nach konventionellem Strom und somit zu günstigeren Preisen. Die Marktpreise werden entlang der Merit-Order-Kurve verschoben und daher als Merit-Order-Effekt bezeichnet. Dieser Preis- und Verteilungseffekt sorgt dafür, dass die Einnahmen der Kraftwerksbetreiber sinken und sich der Strompreis für Lieferanten und Letztverbraucher reduziert.

---

[98] Vgl. http://www.bmu.de/files/pdfs/allgemein/application/pdf/eeg_kosten_nutzen_lang.pdf, ab S. 33, Stand 24.10.2011.
[99] Vgl. Sensfuß (2011), S. 3-5.
[100] Die nachfolgenden Auswirkungen und Beschreibungen des Merit-Order-Effekt beziehen sich ausschließlich auf die Ergebnisse von Dr. Frank Sensfuß vom Fraunhofer ISI.

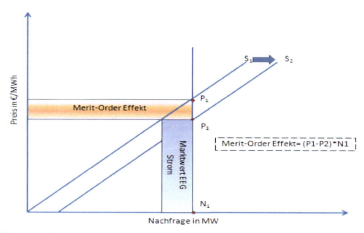

Abbildung 16 Darstellung des Merit-Order-Effektes der Stromerzeugung aus Erneuerbaren Energien

Quelle: Entnommen aus: Sensfuß (2011), S. 4.

Der Marktpreis setzt sich jedoch nicht nur aus den Grenzkosten der einzelnen Kraftwerkstypen zusammen, sondern aus vielen verschiedenen Faktoren, wie der Stromnachfrage, möglichen Kraftwerksausfällen, den Brennstoffpreisen und den Preisen für CO_2-Zertifikate. Der erste Schritt um den Merit-Order-Effekt zu berechnen ist eine Darstellung des Marktpreises ohne die EE. Dazu verwendet Sensfuß eine detaillierte agentenbasierte Strommarktsimulationsplattform PowerACE, die in der Lage ist die Marktpreise an der Strombörse zu simulieren.

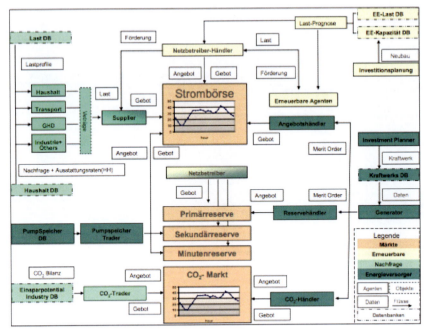

Abbildung 17 Struktur des PowerACE Modells

Quelle: Entnommen aus: Sensfuß (2011), S. 17.

Dem gegenübergestellt werden die Strompreise mit EE. Um den Merit-Order-Effekt zu berechnen, werden die jeweiligen Strompreise der einzelnen Jahre mit und ohne den EEG-Strom simuliert. Da ein Zubau von konventionellen Kraftwerken, als Alternative zu den EE, angenommen wird, sinkt der Effekt im Vergleich zu dem Jahr 2006 auf 3,71 Mrd. € im Jahr 2007 (Vergleiche Tabelle 1). Auf Grund variabler Kosten sinkt der Effekt im Jahr 2008 weiter auf 3,58 Mrd. €. Im Jahr 2009 sinkt der Effekt auf 3.1 Mrd. €. Eine mögliche Erklärung dafür ist die um 5% reduzierte Stromnachfrage auf Grund der Wirtschaftskrise.

Jahr	Zusätzl. Stromerzeugung durch EEG	Merit-Order-Effekt	Absenk. Phelix Day Base
	TWh	Mrd. €	€/MWh
2006	52,2	4,98	-
2007	62,5	3,71	5,82
2008	69,3	3,58	5,83
2009	76,1	3,1	6,09

Abbildung 18 Ergebnis des Merit-Order-Effekts

Quelle: In Anlehnung an: Sensfuß (2011), S. 9.

Angenommen wird bei der Berechnung, dass die Stromnachfrage preisunelastisch ist.

Wie hoch allerdings dieser Effekt tatsächlich ausfällt ist umstritten. Es gibt mehrere Ansätze zur Diskussion und Bestimmung des Effekts. Nach Sensfuß sind zwei Vorgehensweisen zur Berechnung des Effekts möglich. So vergleichen statistische Analysen Zeitreihen zur Stromerzeugung aus EE mit Börsenpreisen. Neubarth et al., die auf Windenergie fokussiert sind, zeigen, dass es bei hoher Windeinspeisung zu niedrigeren Preisen am Spotmarkt kommt. Die Berechnungsweisen stützen sich auf verschiedene Annahmen. Ein erster Aspekt zur Bestimmung ist die Frage ob „nur das tatsächlich gehandelte Day-Ahead-Handelsvolumen an der EEX angesetzt werden dürfe"[101]. Für Sensfuß ist diese Annahme unwahrscheinlich, da auf Grund der Höhe des Effekts auch Auswirkungen auf die Future-Märkte zu spüren sind. Ein zweiter Aspekt „besagt, dass der Merit-Order-Effekt dadurch reduziert wird, dass die notwendige Reservevorhaltung für Windenergie dem Spotmarkt Liquidität entzieht"[102]. Da es in den letzten Jahren zu keinem Anstieg der Reserven gekommen ist, ist auch dies kritisch zu hinterfragen. Nur in Zeiten der maximalen Systemlast würde die Windreserve der Strombörse Liquidität entziehen und kann daher nach Sensfuß vernachlässigt werden. „Die dritte These betrifft die zeitliche Entwicklung der Höhe des Merit-Order-Effektes im Rahmen einer längerfristigen Betrachtung bis zu den Jahren 2020 und 2030"[103]. Da die Größe der Unsicher-

---

[101] http://www.erneuerbare-energien.de/files/pdfs/allgemein/application/pdf/endbericht_ausbau_ee_2009.pdf, S. 173, Stand 24.10.2011.
[102] http://www.erneuerbare-energien.de/files/pdfs/allgemein/application/pdf/endbericht_ausbau_ee_2009.pdf, S. 173, Stand 24.10.2011.
[103] http://www.erneuerbare-energien.de/files/pdfs/allgemein/application/pdf/endbericht_ausbau_ee_2009.pdf, S. 174, Stand 24.10.2011.

heiten langfristig zunimmt, ist eine Prognose für diesen Zeitabschnitt schwierig und ungewiss. Der letzte Aspekt ist der Im- und Export von Strom. Auf Grund des Zubaus der EE kann es künftig sein, dass vermehrt exportiert und weniger importiert wird. Dies kann ebenso zu einer Reduzierung des Merit-Order-Effekts führen.

Alle Untersuchungen kamen jedoch zu dem Ergebnis, dass vor allem die Windkraft für das Absinken des Strompreises verantwortlich ist. Positiv wirkt sich dieser Effekt allerdings nur auf die Stromlieferanten aus, die den Strom entsprechend günstiger einkaufen. Für den privaten Letztverbraucher hat dies oftmals keine Wirkung, da der Preis für eine gewisse Zeit festgelegt ist. Unternehmen mit hohem Stromverbrauch können hiervon profitieren, da diese oftmals am Strompreis orientierte Preise mit dem Lieferanten verhandeln.[104]

6.2 Sonstige Preisauswirkungen

Da Anlagen aus EE auf Grund des EEG vorrangig einspeisen, reduziert sich mit zunehmender Leistung immer mehr die Erzeugungszeiten von konventionellen Kraftwerken. Für Anlagenbetreiber von konventionellen Kraftwerken, gerade von „schnell reagibele und zur Lastsicherung besonders geeignete Erdgaskraftwerke"[105] lohnt sich daher die Erzeugung nur, wenn die Preise an der Strombörse steigen, um so die fehlenden Einsatzzeiten auszugleichen. Ebenso werden die Preise für Regelenergie und Reservekapazitäten ansteigen.[106] Die Frage ist nun, ob diese Preissteigerungen über dem Merit-Order-Effekt liegen und somit den Strompreis tatsächlich erhöhen.

Diese indirekten Kosten des Ausbaus der EE schätzt Erdmann auf rund 85 Mrd. €. bis zum Jahr 2030.[107]

6.3 Auswirkungen auf den Letztverbraucher

Der Strompreis für Haushaltskunden setzt sich nicht nur aus den Energiebeschaffungskosten auf dem Strommarkt zusammen. Im Jahr 2010 betrug der Anteil am Strompreis

---

[104] Vgl. http://www.erneuerbare-energien.de/files/pdfs/allgemein/application/pdf/gutachten_merit_order_2010_bf.pdf, S. 14, Stand 24.10.2011.
[105] http://www.et-energie-online.de/index.php?option=com_content&view=article&id=460:teure-gruenstrom-euphorie-die-kosten-der-energiewende-&catid=1:weitere-berichte-der-aktuellen-ausgabe&Itemid=10, Stand 05.01.2012.
[106] Vgl. http://www.et-energie-online.de/index.php?option=com_content&view=article&id=460:teure-gruenstrom-euphorie-die-kosten-der-energiewende-&catid=1:weitere-berichte-der-aktuellen-ausgabe&Itemid=10, Stand 05.01.2012.
[107] Vgl. Erdmann (2011), S. 60.

für die Beschaffung und den Vertrieb gerade einmal 34,6%. Die Abgaben an den Staat, wie Umsatzsteuer, Stromsteuer, Konzessionsabgabe, EEG- und KWKG-Umlage betrug etwa 40% (Vergleiche Abbildung Strompreis für Haushaltskunden im Jahr 2010).

Da der Anteil des EEG-Stroms in den letzten Jahren gestiegen ist, ist die EEG-Umlage deutlich erhöht worden. Während in Jahr 2003 die Umlage bei 0,41 ct./kWh lag, liegt diese für das Jahr 2012 bei 3,59 ct./kWh.
Dies hängt vor allem mit dem starken Zubau der Photovoltaikanlagen zusammen, die durch das EEG stark gefördert werden müssen, da auf Grund der geringen Effizient der Anlagen und der geringen Sonneneinstrahlung in Deutschland sonst kein Anreiz zum Bau der Anlagen bestünde. Daraus schlussgefolgert soll die EEG-Umlage nach einer Studie der TU Berlin bis zum Jahr 2025 um bis zu 2,5 ct./kWh ansteigen.[108]
Die Mehrbelastung durch die Markt- und Flexibilitätsprämie sieht der bdew als minimal an. So soll die EEG-Umlage „im Vergleich zur vollständigen EEG-Strom-Vermarktung durch die ÜNB"[109] um 0,08 ct./kWh steigen.[110] Welche Größenordnung die Prämien annehmen werden hängt mit der Anzahl der Anlagen, die in die Direktvermarktung wechseln und den Preisen an der Strombörse zusammen. Eine erste tatsächliche Auswirkung wird sich im Ende des Jahres 2011 zeigen, wenn die EEG-Umlage berechnet wird.

Die Kosten für den Netzausbau für die Stromerzeugung durch Erneuerbare Energien lassen die Netzentgelte für Letztverbraucher um etwa 0,2 ct./kWh steigen.[111]

---

[108] Vgl. http://www.et-energie-online.de/index.php?option=com_content&view=article&id=460:teure-gruenstrom-euphorie-die-kosten-der-energiewende-&catid=1:weitere-berichte-der-aktuellen-ausgabe&Itemid=10, Stand 05.01.2012.
[109] bdew (2010a), S. 27.
[110] Vgl. bdew (2010a), S. 27.
[111] Vgl. http://www.dena.de/fileadmin/user_upload/Download/Dokumente/Studien___Umfragen/Endbericht_dena-Netzstudie_II.PDF, S. 469, Stand 24.10.2011.

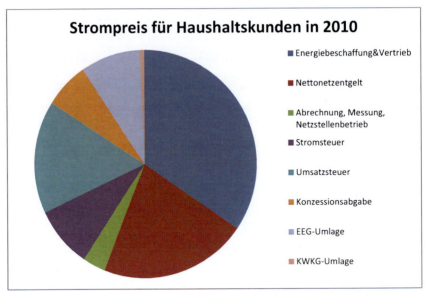

Abbildung 19 Zusammensetzung des Strompreises für Haushaltskunden im Jahr 2010

Quelle: In Anlehnung an: Bundesnetzagentur: Monitoringbericht 2010. Bonn, November 2010.

7 Auswirkungen des EEG (in Zukunft) auf das System, Preise, Modelle etc.

Die gesamte Energieversorgung stößt bei der Systemintegration der EE an seine Grenzen. Neben den bereits beschriebenen Problemen an der Strombörse, beispielsweise das Entstehen von negativen Preisen, steht vor allem die Möglichkeit der Regelung der Anlagen vor einer Herausforderung. Gerade zu sonnigen und windigen Zeiten mit einer geringen Nachfrage an Strom droht das System zu kollabieren. Solange jedoch noch konventionelle Kraftwerke am Netz sind, kann eine EEG-Anlage nicht geregelt werden, es sei denn bei den konventionellen Kraftwerken handelt es sich must-run Anlagen.[112]

Auf Grund der zunehmenden Leistung der EEG-Anlagen und dem Ziel bis 2050 80% der Stromerzeugung aus EE zu realisieren, müssen die Stromnetze ausgebaut werden. Das liegt unter anderem daran, dass die Erzeugungsanlagen oftmals nicht in den Last-

---

[112] Vgl. http://www.et-energie-online.de/index.php?option=com_content&view=article&id=370:systemintegration-von-erneuerbarem-strom-flexibler-einsatz-freiwilliger-abregelungsvereinbarungen&catid=20:erneuerbare-energien&Itemid=27, Stand 24.10.2011.

zentren liegen, sondern in ländlicheren Gegenden Deutschlands.[113] Die dena-Netzstudie II benennt die Kosten die durch den Netzausbau bis 2020 entstehen mit 1 Mrd. € pro Jahr für 3.600 km Netz. Dies ließe die Netzentgelte für die Letztverbraucher um etwa 0,2 ct./kWh steigen.[114]

Geht man davon aus, dass der Zubau der PV-Anlagen auch zukünftig weiter steigt, so liegt die installierte Leistung im Jahr 2020 bei 50.000 MW. Dies entspricht die Hälfte der derzeitig installierten Leistung von konventionellen Kraftwerken.[115] Das Problem der Solarenergie liegt, neben den hohen Kosten durch die Einspeisevergütung, darin, dass die Anlagen zu bestimmten Zeiten gar kein Strom produzieren können. In Zeiten großer Last, wie an Novemberabende, kann die Nachfrage an Strom nicht durch Solarenergie gedeckt werden, sodass weiterhin der konventionelle Kraftwerkspark bestehen bleiben muss. Dies setzt eine hohe Flexibilität der Grundlastkraftwerke voraus, die bei starkem Wind binnen Minuten heruntergefahren werden müssen. Da dies mit Kosten verbunden ist, werden Kraftwerke dennoch weiterlaufen und negative Preise an der Börse in Kauf nehmen, solange diese geringer sind als die Kosten die für das herunter- bzw. rauffahren entstehen. Ohne eine Weiterentwicklung von Speichermöglichkeiten, einer komplett doppelte Erzeugungsinfrastruktur, mit der die Stromversorgung weiterhin gesichert werden kann, dem Import von Energie oder einer Verbrauchssteuerung zur Anpassung der residualen Last kann der Leistungsbedarf nicht gedeckt werden.[116] Da es auch in Zukunft konventionelle flexible Gaskraftwerke geben wird, die die fehlende Stromerzeugung durch die EE ausgleichen, ist bereits jetzt zu prüfen, inwieweit ohne

---

[113] Vgl. http://www.et-energie-online.de/index.php?option=com_content&view=article&id=462:vom-versorgungsnetz-zum-ver-und-entsorgungsnetz-anforderungen-an-den-netzbetrieb-der-zukunft&catid=1:weitere-berichte-der-aktuellen-ausgabe&Itemid=10, Stand am 24.10.2011.
[114] Vgl. http://www.dena.de/fileadmin/user_upload/Download/Dokumente/Studien___Umfragen/Endbericht_dena-Netzstudie_II.PDF, S. 469, Stand 24.10.2011.
[115] Vgl. http://www.et-energie-online.de/index.php?option=com_content&view=article&id=460:teure-gruenstrom-euphorie-die-kosten-der-energiewende-&catid=1:weitere-berichte-der-aktuellen-ausgabe&Itemid=10, Stand 05.01.2012.
[116] Vgl. http://www.et-energie-online.de/index.php?option=com_content&view=article&id=460:teure-gruenstrom-euphorie-die-kosten-der-energiewende-&catid=1:weitere-berichte-der-aktuellen-ausgabe&Itemid=10, Stand 05.01.2012 und http://www.et-energie-online.de/index.php?option=com_content&view=article&id=378:auswirkungen-fluktuierender-einspeisungen-auf-das-gesamtsystem-der-elektrischen-energieversorgung&catid=42:regulierung&Itemid=27, Stand 10.01.2012.

zusätzliche Erlöse eine Investition in diese wirtschaftlich sinnvoll ist, oder ob auch hier finanzielle Anreize gesetzt werden müssen.[117]
Gerade die Speicherung von Solarstrom in der Mittagsspitze ist teuer und für Langzeitspeicher sind die Technologien noch nicht ausgereift. Lohnt sich daher der starke Ausbau vor allem der PV-Anlagen oder soll der Ausbau eingeschränkt werden? Dies wird derzeit stark diskutiert.[118]

Ein weiterer Punkt ist, dass es bei starkem Ausbau der EE zu einer Konkurrenzsituation unter den EE kommt, was die Kosten für den Letztverbraucher steigen lassen kann. Noch offen ist die Fragen, welche Anlagen oder Energieträger dann den Vorrang in der Einspeisung eingeräumt bekommen bzw. welche Anlagen heruntergeregelt werden können. Kritiker befürchten, dass gerade die Anlagen mit der effizientesten und kostengünstigsten Technologie, wie Anlagenparks und Biomasse- bzw. Gasanlagen geregelt werden. Das Regeln von Photovoltaikanlagen ist mit hohen Kosten verbunden, da eine Vielzahl von Anlagen zu steuern ist, um die gewünschte zu regelnde Leistung zu erreichen ist.[119] Hinzu kommt, dass geregelte Anlagen ein Entschädigungsentgelt gem. § 12 EEG vom VNB bekommen.

Der größte Vorteil der EE ist die Einsparung von CO_2 und bietet so eine umweltschonende Möglichkeit der Energieerzeugung. Im Jahr 2010 lag die Vermeidung von CO_2 allein für Strom, der durch das EEG vergütet wird, bei 54 Mio. Tonnen, insgesamt bei rund 115 Mio. Tonnen. Die Treibhausgase sind um rund 118 Mio. Tonnen eingespart worden.[120] Dies liegt auch daran, dass auf Grund der Merit-Order die Erneuerbaren Energien im Strombereich in erster Linie Steinkohle- und Gaskraftwerke vom Netz verdrängt haben.[121]
Ebenso sind die ersten Speicher für Anlagen bereits auf dem Markt, diese sind jedoch verhältnismäßig uneffektiv und teuer. Die Bedeutung der Speicher gewinnt unter den

---

[117] Vgl. Ehlers (2011), S. 179.
[118] Vgl. http://www.et-energie-online.de/index.php?option=com_content&view=article&id=460:teure-gruenstrom-euphorie-die-kosten-der-energiewende-&catid=1:weitere-berichte-der-aktuellen-ausgabe&Itemid=10, Stand 05.01.2012.
[119] Vgl. http://www.et-energie-online.de/index.php?option=com_content&view=article&id=460:teure-gruenstrom-euphorie-die-kosten-der-energiewende-&catid=1:weitere-berichte-der-aktuellen-ausgabe&Itemid=10, Stand 05.01.2012.
[120] Vgl. http://www.erneuerbare-energien.de/files/pdfs/allgemein/application/pdf/ee_in_deutschland_graf_tab.pdf, Stand 24.10.2011.
[121] Vgl. Musiol, Nieder, Mark (2011), S. 65-66.

Forschern und Entwicklern immer mehr an Bedeutung, sodass neue Technologien entwickelt werden können.[122]

Geht man davon aus, dass die Erneuerbaren Energien weiter ausgebaut werden, ist eine Integration in den Strommarkt unausweichlich. Eine Besonderheit bei fluktuierenden Anlagen ist, dass erst wenige Stunden vor der Produktion die erzeugten Mengen feststehen. Der überwiegende Verkauf an dem Strommarkt erfolgt jedoch auf Basis der Daten des Vortags. Daher ist es wichtig die vermarkteten Mengen der EE in den kurzfristigen Stromhandel einzubeziehen.[123]

Eine Möglichkeit die EE in ein System mit einer überwiegenden Anzahl an EE zu integrieren, kann durch das „Mengen-Markt-Modell", also die Ausschreibung von Energie statt der festen Vergütung durch das EEG, geschehen. Somit erfolgt die Vergütung nicht nach einem festen System, sondern ist am Markt orientiert. Ein weiterer Vorteil ist, dass Einfluss auf den Standort sowie der Technologien genommen werden kann. Die Investitionssicherheit durch langfristige Verträge ist ebenso gegeben.[124]

8 Fazit und Ausblick

Die Veröffentlichung zeigt, dass die Gewinnung von Strom durch erneuerbare Energien in Deutschland ein immer wichtigeres Themen für die Wirtschaft, die Politik und die Umweltverbände sind. Der Ausbau von Erneuerbaren Energien ist in den letzten Jahren, durch die Förderung des EEG immer mehr gestiegen. Bis zum Jahr 2050 sollen sogar 80% der Stromerzeugung aus EE stammen. Das Problem dabei ist, dass die Anlagen auf Grund der mengenorientierten Vergütung durch das EEG nicht marktorientiert produzieren. Dies führt auf Grund der Abnahmepflicht der EEG-Mengen zu negativen Preisen an der Börse und zu Engpässen in den Netzen. Diese Probleme wurden von der Bundesregierung erkannt, sodass das EEG novelliert wurde. Mit Hilfe neuer Formen der Direktvermarktung sind erste Schritte eingeleitet worden, um die Anlagen in den Markt zu integrieren. Ebenso soll eine bedarfsgerechte Einspeisung des Stroms erreicht werden. Anlagenbetreiber haben nun die Möglichkeit, neben der sonstigen Direktvermarktung

---

[122]Vgl. http://www.epochtimes.de/638393_speicher_fuer_dezentral_erzeugten_solarstrom_gehen_in_-pilotfertigung.html, Stand 15.05.2011.
[123]Vgl. Neuhoff (2011), S. 16-17.
[124]Vgl. http://www.et-energie-online.de/index.php?option=com_content&view=article&id=443:investitionsanreize-fuer-erneuerbare-energien-durch-das-mengen-markt-modell&catid=22:energiepolitik&Itemid=27, Stand 10.01.2012.

und den Verkauf des Stroms an einen Grünstromhändler, weitere Prämien zu nutzen. Die Marktprämie ermöglicht dem Anlagenbetreiber an den Börsenpreisen zu profitieren und bei gering Preisen „weich" zu fallen, da ihm die gesetzliche Mindestvergütung sicher ist. Zusätzlich bekommt der Anlagenbetreiber die Kosten, die ihm an der Börse für die Vermarktung entstehen pauschal verrechnet. Gerade für Anlagen mit einer geringen gesetzlichen Vergütung bzw. geringen Prognosekosten lohnt sich der Umstieg in die Direktvermarktung, da dadurch zusätzliche Gewinne erwirtschaftet werden können. Die bedarfsgerechte Erzeugung von Strom durch EE kann bei steuerbaren Anlagen durch das Marktprämienmodell erreicht werden. Für fluktuierende Anlagen wird dieses Ziel eher nicht erreicht. Eine Netzentlastung wird nur zu geringen Zeiten mit negativen Preisen an der Börse stattfinden, da hier die Anlagen abgeschaltet werden können.

Um Biomasseanlagenbetreibern zu ermöglichen ihre Anlage bei starkem Strombedarf flexibel durch die Zuschaltung weiterer Kapazitäten zusteuern, ist die Flexibilitätsprämie im EEG 2012 verankert worden. Die Flexibilitätsprämie kann jedoch nur zusammen mit der Marktprämie genutzt werden und ist auf einen Zeitraum von zehn Jahren begrenzt. Dadurch soll neben der Förderung der an der Börse vermarkteten Strommenge auch die flexible Steuerung gefördert werden. Erreicht werden kann dies durch beispielsweise den Bau zusätzlicher Generatoren oder Speichermöglichkeiten. Hier ist zu erwarten, dass die Erträge durch die Flexibilitätsprämie keinen ausreichenden Anreiz bieten, die Anlagen umzurüsten.

Es wurde jedoch nicht an weitere Möglichkeiten zur Integration der EE gedacht, wie die Förderung und Ausweitung von Speichermöglichkeiten, den Netzausbau oder die Anpassung des Verbrauchs, durch beispielsweise verschieben von Lastspitzen.

Das EEG wurde in den letzten Jahren kontinuierlich weiterentwickelt. Die neuen Formen der Direktvermarktung sind der erste Schritt für die Marktintegration, jedoch langfristig für den Ausbau der EE nicht ausreichend. Wichtig ist neben der Vermarktung Bereiche wie Netzausbau, die Definition eines Energiemixes für die Zukunft, die Konkurrenzsituation von EE-Anlagen, sowie die Auswirkungen auf den Strompreis nicht außer Acht zu lassen. Eine Möglichkeit die Probleme an der Börse zu minimieren, ist nach Haucap die Einführung eines getrennten Handels von EE-Strom und konventionellem Strom. Die EE hätten ihre eigene Merit-Order, sodass Investoren in effiziente und kostengünstige Anlagen investieren und nicht in Anlagen mit der höchsten gesetzlichen Vergütung. Dies entspricht vor allem der Windenergie, der Biomasse sowie der

Wasserkraft.[125] Ebenso ist es wichtig zu erreichen, dass die EE in den kurzfristigen Stromhandel integriert werden, was vor allem für die fluktuierenden Energieträger von Bedeutung ist, da nur so eine genaue Prognose und Vermarktung der tatsächlichen Mengen möglich ist.

Zusammengefasst können alle EEG-Anlagen von der Nutzung der Direktvermarktung profitieren. Es bietet dem Anlagenbetreiber Anreize zur Reaktion auf Marktpreise, zur Verminderung des Risikos negativer Preise, bietet Anreize zur möglichst realen Einspeiseprognosen und effizientem Ausgleich und optimiert schlussendlich die Vermarktung auf allen Strommärkten, inklusive dem Regelenergiemarkt.

---

[125] Vgl. http://www.et-energie-online.de/index.php?option=com_content&view=article&id=460:teure-gruenstrom-euphorie-die-kosten-der-energiewende-&catid=1:weitere-berichte-der-aktuellen-ausgabe&Itemid=10, Stand 05.01.2012.

Literaturverzeichnis

- Altrock, Martin (2011): Kommentar zum EEG, München 2011
- Amprion, 50Hertz, TenneT, EnBW: Informationen zur Direktvermarktung nach § 17 EEG. URL: http://www.eeg-kwk.net/de/file/Direktvermarktung2011_Stand_20111121.pdf, Abruf am 07.01.2012
- Amprion, 50Hertz, TenneT, EnBW: EEG-Vergütungskategorientabelle mit allen Vergütungskategorien bis Inbetriebnahmejahr 2011. URL: http://www.eeg-kwk.net/de/EEG_Umsetzungshilfen.htm, Abruf am 24.10.2011
- Bdew (2009): Umsetzungshilfe zum EEG 2009, Version 1.1, Berlin 2009
- Bdew (2010a): Umsetzungsvorschlag zur Marktintegration Erneuerbarer Energien, entwickelt auf der Grundlage des von FraunhoferISI vorgeschlagenen Fördersystems mit gleitender Marktprämie für die Vermarktung von EEG-Strom, Version 4.1, Berlin 2010
- Bdew (2010b): Das Marktprämienmodell, Berlin 2010
- Bdew (2010c): Erneuerbare Energien und das EEG in Zahlen (2010), Berlin 2010
- Bdew (2011a): Neuparametrisierung des Marktprämienmodells, Berlin 2011
- Bdew (2011b): Stellungnahme zu dem „Entwurf eines Gesetzes zur Neuregelung des Rechtsrahmens für die Förderung der Stromerzeugung aus Erneuerbaren Energien", Berlin 2011
- Bdew (2011c): Umsetzungshilfe zum EEG 2009, Version 2.0, Berlin 2011
- Bdew (2011d): Stellungnahme zur Konsultation der Bundesnetzagentur zur EEG-Drittvermarktung, Berlin 2011
- Bdew (2011e): Neuparametrisierung des Marktprämienmodells, Berlin 2011
- Bdew (2011f): Stellungnahme zur Konsultation der Bundesnetzagentur zur EEG-Drittvermarktung, Berlin 2011
- Bdew (2011g): Stellungnahme zu dem „Entwurf eines Gesetzes zur Neuregelung des Rechtsrahmens für die Förderung der Stromerzeugung aus Erneuerbaren Energien, Berlin 2011
- Bdew (2011h): Handlungsempfehlung zum Grünstromprivileg, Berlin 2011

- Berlo, K. et al für Friedrich-Ebert-Stiftung (2003): Anforderung an ein nachhaltiges Energiesystem für Deutschland. URL: http://library.fes.de/pdf-files/gpi/01946.pdf, Abruf am 24.10.2011
- BMU (o.J.): Das Erneuerbare-Energien-Gesetz- Informationen und häufig gestellte Fragen zur Novelle. URL: http://www.erneuerbare-energien.de/files/pdfs/allgemein/application/pdf/eeg_2012_informationen_faq_bf.pdf, Abruf am 24.10.2011
- BMU (2010.): Energiekonzept der Bundesregierung. URL: http://www.bmu.de/energiewende/downloads/doc/46394.php, Aufruf am 24.10.2011
- BMU (2011a): Entwurf eines Gesetzes zur Neuregelung des Rechtsrahmens für die Förderung der Stromerzeugung aus erneuerbaren Energien. URL: http://www.euractiv.de/fileadmin/images/EEG_Novelle_BMU_Entwurf.pdf, Abruf am 24.10.2011
- BMU (2011b): Erneuerbare Energien 2010. URL: http://www.dlr.de/Portaldata/1/Resources/portal_news/newsarchiv2011_2/ee_in_zahlen_2010_bf.pdf, Abruf am 24.10.2011
- BMU (2011c): Referentenentwurf zum EEG (2011). URL: http://www.clearingstelle-eeg.de/files/RefE_BMU_110517.pdf, Abruf am 24.10.2011
- BMU (2011d): Erfahrungsbericht 2011 zum Erneuerbare-Energien-Gesetz. URL: http://www.bmu.de/files/pdfs/allgemein/application/pdf/eeg_erfahrungsbericht_2011_bf.pdf, Abruf am 24.10.2011
- BMU (2011e): Entwicklung der Erneuerbaren Energien in Deutschland im Jahr 2010. URL: http://www.erneuerbare-energien.de/files/pdfs/allgemein/application/pdf/ee_in_deutschland_graf_tab.pdf, Abruf am 24.10.2011

- BMU (2011f): Das Erneuerbare-Energien-Gesetz (EEG) („EEG 2012") Informationen und häufig gestellte Fragen zur Novelle. URL: http://www.bmu.de/files/pdfs/allgemein/application/pdf/eeg_2012_informatione n_faq_bf.pdf, Abruf am 05.01.2012
- Bode, S. und Groscurth, H. für ET (o.J.): Investitionsanreize für erneuerbare Energien durch das „Mengen-Markt-Modell". URL: http://www.et-energie-online.de/index.php?option=com_content&view=article&id=443:investitionsanreize-fuer-erneuerbare-energien-durch-das-mengen-markt-modell&catid=22:energiepolitik&Itemid=27, Abruf am 10.01.2012
- Bode, S. und Groscurth, H. für ET (o.J.): Photovoltaik in Deutschland: Zu viel des Guten. URL: http://www.et-energie-online.de/index.php?option=com_content&view=article&id=289:photovoltaik-in-deutschland-zu-viel-des-guten&catid=20:erneuerbare-energien&Itemid=27, Abruf am 10.01.2012
- Bode, S. und Groscurth, H. für ET (o.J.): Erneuerbare Energien im Energiekonzept der Bundesregierung: und jetzt?. URL: http://www.et-energie-online.de/index.php?option=com_content&view=article&id=387:erneuerbare-energien-im-energiekonzept-der-bundesregierung-und-jetzt&catid=22:energiepolitik&Itemid=27, Abruf am 10.01.2012
- Bode, S. und Großcurth, H. für HWWA Hamburg (2006): Zur Wirkung des EEG auf den „Strompreis". URL: http://www.econstor.eu/bitstream/10419/19377/1/348.pdf, Abruf am 24.10.2011
- Brandstätt, C., Brunekreeft, G. und Jahnke, K. für Energiewirtschaftliche Tagesfragen (2010), Systemintegration von erneuerbarem Strom: flexibler Einsatz freiwilliger Abregelungsvereinbarungen. URL: http://www.et-energie-online.de/index.php?option=com_content&view=article&id=370:systemintegration-von-erneuerbarem-strom-flexibler-einsatz-freiwilliger-abregelungsvereinbarungen&catid=20:erneuerbare-energien&Itemid=27, Abruf am 24.10.2011

- Bundesministerium für Wirtschaft und Technologie (2010): Energiekonzept für eine umweltschonende, zuverlässige und bezahlbare Energieversorgung, Berlin 2010
- Bundesnetzagentur (2009) Eckpunktepapier zu Detailfragen der Vermarktung von EEG-Strom durch die Übertragungsnetzbetreiber nach der Verordnung zur Weiterentwicklung des bundesweiten Ausgleichmechanismus (AusglMechV), 2009
- Bundesnetzagentur et al (2011a): Entwicklung und Bewertung von Modellen der Drittvermarktung von Strom aus Erneuerbaren Energien
- Bundesnetzagentur (2011b): Die erneuerbaren Energien und der europäische Energiemarkt, Berlin 2011
- Bundesverband Erneuerbarer Energien e.V. (2011): Maßnahmenpaket zur System – und Marktintegration Erneuerbarer Energien. URL: http://www.bee-ev.de/_downloads/publikationen/sonstiges/2011/110321_BEE_Position_Direktvermarktung_Systemintegration.pdf, Abruf am 10.01.2012
- Canty, Kevin (2009): Faire Strompreise: Grundlagen und Handlungsbedarf, Berlin 2009
- Deutsche Energieagentur (2010): Integration Erneuerbarer Energien in die deutsche Stromversorgung im Zeitraum 2015-2020 mit Ausblick 2025. URL: http://www.dena.de/fileadmin/user_upload/Download/Dokumente/Studien___Umfragen/Endbericht_dena-Netzstudie_II.PDF, Abruf am 24.10.2011
- Dobroschke, Stefan für FiFo Köln (2010): Direktvermarktung von Windstrom in FiFo-Berichte Nr. 11 Februar 2010
- EEX, Unternehmensstruktur. URL: http://www.eex.com/de/EEX, Abruf am 24.10.2011
- Ehlers, Niels (2011): Strommarktdesign angesichts des Ausbaus fluktuierender Stromerzeugung, Diss., Berlin 2011
- Energiewirtschaftliche Tagesfragen (o.J.), EEX. URL: http://www.et-energie-online.de/index.php?option=com_dhwiki&view=dhwiki_e&id=86, Abruf am 24.10.2011

- Energiewirtschaftliche Tagesfragen (2011): Zukunftsfähige Stromnetze. URL: http://www.et-energie-online.de/index.php?option=com_content&view=article&id=457:zukunftsfaehige-stromnetze&catid=5:veranstaltungsberichte&Itemid=20, Abruf 10.01.2012
- Erdmann, Georg für TU Berlin (2008): Indirekte Kosten der EEG-Förderung. URL: http://www.ensys.tu-berlin.de/fileadmin/fg8/Downloads/Publications/2008_Erdmann_indirekte-EEG-Kosten.pdf, Abruf am 24.10.2011
- Erdmann, Georg für vbw (2011): Kosten des Ausbaus der Erneuerbaren Energien, München 2011
- Erhard, Wolf-Dieter für ET (o.J.): Technologie der Energiespeicherung. URL: http://www.et-energie-online.de/index.php?option=com_content&view=article&id=454:technologien-der-energiespeicherung&catid=5:veranstaltungsberichte&Itemid=20, Abruf am 10.01.2012
- Frondel, M., Ritter, N. und Schmidt, C. für ET (2011): Teure Grünstrom-Euphorie: Die Kosten der Energiewende. URL: http://www.et-energie-online.de/index.php?option=com_content&view=article&id=460:teure-gruenstrom-euphorie-die-kosten-der-energiewende-&catid=1:weitere-berichte-der-aktuellen-ausgabe&Itemid=10, Stand 05.01.2012
- Fraunhofer IWES (2011): Flexible Stromproduktion aus Biogas und Biomethan. URL: http://www.iwes.fraunhofer.de/de/publikationen0/uebersicht/publikationen_veroeffentlichungengesamt/2011/flexible_stromproduktionausbiogasundbiomethan/_jcr_content/pressrelease/linklistPar/download/file.res/Flexible%20Stromproduktion%20aus%20Biogas%20und%20Biomethan.pdf, S. 5, Abruf am 24.10.2011
- GEODE (2011): Stellungnahme zum EEG. URL: http://www.geode.de/images/stories/News/stellungnahme%20eeg.pdf, Abruf am 24.10.2011
- Großcurth, H. und Bode, S. für ET (o.J.): Investitionsanreize für erneuerbare Energien durch das „Mengen-Markt-Modell". URL: http://www.et-energie-online.de/index.php?option=com_content&view=article&id=443:investitions-anreize-fuer-erneuerbare-energien-durch-das-mengen-markt-modell&catid=22:energiepolitik&Itemid=27, Abruf am 10.01.2012

- Haucap, Justus (2011): Interview „Wir müssen auch in Realtion zwischen Kosten und Nutzen beachten" in ET, Heft 12 2011
- Holzhammer, Uwe (2011): Die neuen Instrumente im Detail: Marktprämie und Flexibilitätsprämie - neue Wege ohne fixe EEG Vergütung. URL: http://www.iwes.fraunhofer.de/content/dam/iwes/de/documents/Holzhammer_Uwe_Marktpr%C3%A4mie%20und%20Flexibilit%C3%A4tspr%C3%A4mie.pdf, Abruf am 10.01.2012
- Ingenieurbüro für neue Energien für BMU (2007): Ökonomische Wirkungen des Erneuerbare-Energien-Gesetzes, URL: http://www.bmu.de/files/pdfs/allgemein/application/pdf/eeg_kosten_nutzen_lang.pdf, Abruf am 24.10.2011
- Institut für Energie (2011): Mittelfristprognose zur deutschlandweiten Stromerzeugung aus regenerativen Kraftwerken bis 2016. URL: http://www.eeg-kwk.net/de/file/111115_IE-Leipzig_EEG-Mittelfristprognose_bis_2016.pdf, Abruf am 05.01.2012
- Izes, FraunhoferISI, DIW Berlin, gws für BMU (2010): Einzel- und gesamtwirtschaftliche Analyse von Kosten- und Nutzenwirkungen des Ausbaus Erneuerbarer Energien im deutschen Strom- und Wärmemarkt. URL: http://www.erneuerbare-energien.de/files/pdfs/allgemein/application/pdf/endbericht_ausbau_ee_2009.pdf, Abruf am 24.10.2011
- Kurth, Matthias (2011): Aspekte der Energiewende- Rede, Berlin 2011
- Musiol, F., Nieder, T. und van Mark, K. (2011): Mit dem Aufschwung Schritt gehalten: Entwicklung der erneuerbaren Energien im Jahr 2010, in: Energiewirtschaftliche Tagesfragen, 61. Jg., 2011, Heft 10, S. 64-66
- Neuhoff, Karsten (2011): Öffnung des Strommarktes für erneuerbare Energien: Das Netz muss besser genutzt werden, in: DIW Wochenbericht, Heft 20/2011
- Neetzel, Dominik (2011): Direktvermarktung und Marktprämie. URL: http://www.ensys.tu-berlin.de/fileadmin/fg8/Downloads/NeueEntwicklungen/SS2011/Neetzel_Marktpraemie.pdf, Abruf am 10.01.2012
- Ockenfels, A., Grimm, V. und Zoettl, G. (2008) für EEX AG: Strommarktdesign- Preisbildungsmechanismus im Auktionsverfahren für Stromstundenkontrakte an der EEX. URL: http://ockenfels.uni-koeln.de/fileadmin/wiso_fak/stawi-ockenfels/pdf/ForschungPublikationen/Gutachten_EEX_Ockenfels.pdf, Abruf am 24.10.2011

- R2b energy consulting (2010): Endbericht- Förderung der Direktvermarktung und der bedarfsgerechten Einspeisung von Strom aus Erneuerbaren Energien. URL: http://www.bmwi.de/BMWi/Redaktion/PDF/Publikationen/Studien/foerderung-direktvermarktung-und-einspeisung-von-strom,property=pdf,bereich=bmwi,sprache=de,rwb=true.pdf, Abruf am 24.10.2011
- Rehtanz, C., Noll, T. und Hauptmeier, E. für ET (o.J.): Auswirkungen fluktuierender Einspeisungen auf das Gesamtsystem der elektrischen Energieversorgung. URL: http://www.et-energie-online.de/index.php?option=com_content&view=article&id=378:auswirkungen-fluktuierender-einspeisungen-auf-das-gesamtsystem-der-elektrischen-energieversorgung&catid=42:regulierung&Itemid=27, Abruf am 10.01.2012
- Ritter, P. et al (2011): Direktvermarktung gemäß EEG Novelle 2012, in: Solarzeitalter, Heft 3/2011, S. 13-19
- Rohrig, K. et al für BMU (2011): Flexible Stromproduktion aus Biogas und Biomethan. URL: http://www.iwes.fraunhofer.de/de/publikationen0/uebersicht/publikationen_veroeffentlichungengesamt/2011/flexible_stromproduktionausbiogasundbiomethan/_jcr_content/pressrelease/linklistPar/download/file.res/Flexible%20Stromproduktion%20aus%20Biogas%20und%20Biomethan.pdf, Abruf am 24.10.2011
- Schweer, Adolf für ET (o.J.), Vom Versorgungsnetz zum Ver- und Entsorgungsnetz: Anforderungen an den Netzbetrieb der Zukunft. URL: http://www.et-energie-online.de/index.php?option=com_content&view=article&id=462:vom-versorgungsnetz-zum-ver-und-entsorgungsnetz-anforderungen-an-den-netzbetrieb-der-zukunft&catid=1:weitere-berichte-der-aktuellen-ausgabe&Itemid=10, Abruf am 24.10.2011
- Sensfuß, F. und Ragwitz, M. für FraunhoferISI (2007): Analyse des Preiseffektes der Stromerzeugung aus erneuerbaren Energien auf die Börsenpreise im deutschen Stromhandel. URL: http://www.erneuerbare-energien.de/files/pdfs/allgemein/application/pdf/gutachten_eeg.pdf, Abruf am 24.10.2011
- Sensfuß, Frank (2011): Markt- und Flexibilitätsprämie: Der Einstieg in die bedarfsgerechte Erzeugung. URL: http://media.repro-mayr.de/78/531278.pdf, Abruf am 05.01.2012

- Sensfuß, Frank für FraunhoferISI (2011): Analyse zum Merit-Order-Effekt erneuerbarer Energien. URL: http://www.erneuerbare-energien.de/files/pdfs/allgemein/application/pdf/gutachten_ merit_order_2010_bf.pdf, Abruf am 24.10.2011
- Sensfuß, Frank vom FraunhoferISI (2012): Direktvermarktung: Gleitende Marktprämie, Berlin 2012
- Umweltbundesamt (o.J.): Energie der Zukunft. URL: http://www.umweltbundesamt.at/umweltsituation/energie/energietraeger/erneuerbareenergie/, Abruf am 24.10.2011
- Umweltbundesamt (2011a): Ausbauziele der erneuerbaren Energien. URL: http://www.umweltbundesamt-daten-zur-umwelt.de/umweltdaten/ public/theme.do ;jsessionid=AEA8F516014992F48FB2D194FBCFF04D?nodeIdent=5983, Aufruf am 24.10.2011
- Umweltbundesamt (2011b): Struktur der Energiebereitstellung aus erneuerbaren Energien. URL: http://www.umweltbundesamt-daten-zur-umwelt.de/ umweltdaten/public/theme.do?nodeIdent=5981, Aufruf am 24.10.2011
- Umweltbundesamt (2011c): Installierte Leistung zur erneuerbaren Stromerzeugung. URL: http://www.umweltbundesamt-daten-zur-umwelt.de/ umweltdaten/public/theme.do?nodeIdent=5982, Aufruf am 24.10.2011
- Wittwer, Markus (2008): Der deutsche Strommarkt und die ökonomische Beschaffung von Strom in energieintensiven Stromunternehmen, Diss., Norderstedt 2008
- Wiesner, Markus (2009): Der Stromgroßhandel in Deutschland, Diss., Augsburg 2009

Gesetze:

- EEG (2009): Gesetz für den Vorrang Erneuerbarer Energien (EEG 2009) vom 25.10.2008 mit allen späteren Änderungen in der Fassung vom 11.08.2010. In: BGBl. I: 2074.
- AusglMechV (2009): Verordnung zur Weiterentwicklung des bundesweiten Ausgleichsmechanismus (AusglMechV 2009) vom 17.07.2009. In: BGBl. I S. 2101.